高等职业教育"互联网+"新形态一体化教材

# 工业控制网络与组态技术

主　编　穆效江
参　编　龚爱平　葛　李　李庆亮

机械工业出版社

本书简要介绍了工业控制网络的发展过程、趋势以及工业控制网络的构成，重点介绍了工业以太网的体系结构、硬件和软件。在此基础上，按照项目介绍了适合高职学生学习的组态软件的应用。本书结合目前工业控制网络的发展，加入工业以太网的新技术介绍，即工业以太网的最新硬件和协议；结合组态软件的发展，介绍目前广泛使用的国产组态软件——KingSCADA的组态及编程；以项目为引领，内容从简单到复杂，符合高等职业院校学生的认知特点。

本书适合作为高等职业教育本科及专科电气工程及自动化、智能控制技术等相关专业的教材，也可作为相关培训机构及自学人员的参考用书。

为方便教学，本书配套立体化教学资源，微课视频资源以二维码形式呈现，凡选用本书作为授课教材的教师可登录机械工业出版社教育服务网（www.cmpedu.com）注册并免费下载其他辅助教学资源。

## 图书在版编目（CIP）数据

工业控制网络与组态技术 / 穆效江主编. -- 北京：机械工业出版社，2024.12. --（高等职业教育"互联网+"新形态一体化教材）. -- ISBN 978-7-111-77268-2

I. TP273

中国国家版本馆CIP数据核字第2025A7X848号

机械工业出版社（北京市百万庄大街22号　邮政编码100037）
策划编辑：赵红梅　　　　　　责任编辑：赵红梅　赵晓峰
责任校对：韩佳欣　李　婷　　封面设计：马若濛
责任印制：张　博
北京中科印刷有限公司印刷
2025年2月第1版第1次印刷
184mm×260mm・11.25印张・273千字
标准书号：ISBN 978-7-111-77268-2
定价：37.00元

电话服务　　　　　　　　　网络服务
客服电话：010-88361066　　机　工　官　网：www.cmpbook.com
　　　　　010-88379833　　机　工　官　博：weibo.com/cmp1952
　　　　　010-68326294　　金　书　网：www.golden-book.com
封底无防伪标均为盗版　　　机工教育服务网：www.cmpedu.com

# 前 言

世界新一轮科技革命和产业变革正加速孕育,给我国经济、教育发展带来了前所未有的机遇和挑战。特别是日新月异的数字技术,愈发成为驱动人类社会思维方式、组织架构、运作模式发生根本性变革和全方位重塑的引领力量,这既为教育突破传统的局限性、创造数字教育新形态、创新教育现代化发展路径提供了新的重大机遇,也为教育助力高质量发展、开辟发展新领域、新赛道,塑造发展新动能、新优势提供了广阔平台和舞台。

随着网络技术的发展,工业控制网络成为工业自动化领域的研究热点,以现场总线技术和工业以太网技术为代表的工业控制网络技术引发了工业自动化领域的重大变革,工业自动化正朝着网络化、开放化、智能化和集成化的方向发展。工业控制网络是控制技术、通信技术和计算机技术在工业现场控制层、过程监控层和生产管理层的综合体现,已广泛应用于过程控制自动化、制造自动化、楼宇自动化、交通运输等多个领域。应用工业控制网络的工业自动化系统越来越多,在工业网络的设计研发、施工调试、设备维护等环节都需要大量的专业人才。

工业控制网络是一个包含硬件、软件等多种技术的复杂系统,本书针对高职学生的实际情况,编写过程中简化了理论分析和复杂的硬件、软件设计,在简要介绍了相关理论后,重点介绍了工业网络软件中的组态软件应用。本书采用项目化案例介绍了目前广泛流行的组态软件——KingSCADA 的应用。结构和内容力求做到重点突出、层次分明、语言精练、易于理解,侧重于教学内容的实用性、可操作性和简单化。

本书通过 15 个项目深入浅出地介绍了 KingSCADA 的各种应用。项目 1 介绍了工业网络的发展过程和发展趋势;项目 2 介绍了工业网络的相关理论和体系结构;项目 3 到项目 15 分层次介绍了 KingSCADA 软件的各种操作和应用。

本书由深圳信息职业技术学院穆效江主编,深圳信息职业技术学院龚爱平、葛李、李庆亮参与编写。项目 1~项目 9 由穆效江编写,项目 10 和项目 11 由龚爱平编写,项目 12 和项目 13 由葛李编写,项目 14 和项目 15 由李庆亮编写。

因作者水平有限,书中难免有疏漏之处,恳请广大读者批评指正,请联系 E-mail:muxj@sziit.edu.cn。

编 者

# 二维码清单

| 名称 | 图形 | 名称 | 图形 |
| --- | --- | --- | --- |
| 项目 3　认识组态软件 KingSCADA | | 项目 9　事件操作 | |
| 项目 4　对 PLC 的 IO 监控 | | 项目 10　实时曲线 | |
| 项目 5　对 PLC 模拟量的监控 | | 项目 11　历史曲线 | |
| 项目 6　脚本程序 | | 项目 12-1　实时报表 | |
| 项目 7　实时报警 | | 项目 12-2　历史报表 | |
| 项目 8-1　历史报警窗 | | 项目 13　开机画面 | |
| 项目 8-2　报警查询 | | | |

# 目 录

前言

二维码清单

## 项目1　认识工业控制网络 ·················································································1

【项目要求及目标】 ·····················································································1
【相关理论知识】 ························································································1
1.1　工业控制的发展过程 ·············································································1
1.2　工业控制网络特点 ················································································4
1.3　传统工业控制网——现场总线 ································································4
1.4　现代工业控制网络——工业以太网 ························································11
1.5　工业控制网络发展趋势 ········································································17
【项目实施步骤】 ······················································································18
【思考题】 ································································································19

## 项目2　认识工业控制网络体系结构 ···································································20

【项目要求及目标】 ···················································································20
【相关理论知识】 ······················································································20
2.1　工业控制网络通信知识 ········································································20
2.2　工业控制网络的组成与体系结构 ···························································26
【项目实施步骤】 ······················································································32
【思考题】 ································································································32

## 项目3　认识组态软件 ·······················································································33

【项目要求及目标】 ···················································································33

【相关理论知识】·····················································································33
3.1　认识组态软件·················································································33
3.2　组态软件的发展历史·········································································33
3.3　组态软件的功能···············································································34
3.4　组态软件的特点···············································································35
3.5　常用组态软件·················································································35
3.6　组态软件的结构···············································································36
3.7　组态软件的发展趋势·········································································37
3.8　组态软件 KingSCADA 简介································································37
【项目实施步骤】·····················································································38
【思考题】······························································································42

# 项目 4　组态软件对 PLC 的 IO 监控·····················································43

【项目要求及目标】··················································································43
【项目实施步骤】·····················································································43
4.1　网络结构设计·················································································43
4.2　组态软件设计·················································································43
4.3　编写 PLC 程序并设置 PLC 连接机制····················································59
【思考题】······························································································61

# 项目 5　组态软件对 PLC 模拟量的监控··················································62

【项目要求及目标】··················································································62
【项目实施步骤】·····················································································62
5.1　IOServer 变量定义及网络配置·····························································62
5.2　服务端网络配置及动画连接································································64
5.3　编写 PLC 程序并设置 PLC 连接机制····················································69
5.4　组态软件运行·················································································71
【思考题】······························································································71

# 项目 6　组态软件的动画连接与脚本程序编写··········································72

【项目要求及目标】··················································································72
【项目实施步骤】·····················································································73
6.1　脚本程序编写·················································································73
6.2　开关按钮的脚本程序编写···································································74
6.3　界面转换按钮的脚本程序编写·····························································79
6.4　通信状态变量（IO 整型）指示灯显示····················································80

6.5　创建数字显示器 83
　　【思考题】 85

## 项目 7　组态软件实时报警窗创建 86

　　【项目要求及目标】 86
　　【项目实施步骤】 86
　　7.1　定义报警变量 86
　　7.2　创建实时报警界面 88
　　【思考题】 92

## 项目 8　组态软件的历史报警窗创建和报警查询 93

　　【项目要求及目标】 93
　　【项目实施步骤】 93
　　8.1　定义报警变量的记录属性 93
　　8.2　创建历史报警界面 96
　　8.3　创建报警查询界面 100
　　【思考题】 102

## 项目 9　组态软件事件窗口创建 103

　　【项目要求及目标】 103
　　【项目实施步骤】 103
　　9.1　事件配置 103
　　9.2　创建事件输出界面 107
　　【思考题】 111

## 项目 10　组态软件的实时趋势曲线创建 112

　　【项目要求及目标】 112
　　【项目实施步骤】 112
　　10.1　创建实时曲线界面 112
　　【思考题】 117

## 项目 11　组态软件历史趋势曲线窗口设计 118

　　【项目要求及目标】 118
　　【项目实施步骤】 118
　　11.1　定义变量的记录属性 118
　　11.2　创建历史趋势曲线界面 119

11.3　趋势曲线查询 ········································································ 122
【思考题】 ················································································· 126

## 项目12　组态软件报表系统设计 ························································ 127

【项目要求及目标】 ···································································· 127
【项目实施步骤】 ······································································ 127
12.1　报表建立与配置 ································································ 127
12.2　实时数据报表建立 ···························································· 131
12.3　历史数据报表设计 ···························································· 134
【思考题】 ················································································· 136

## 项目13　组态软件开机窗口设计 ························································ 137

【项目要求及目标】 ···································································· 137
【项目实施步骤】 ······································································ 137
13.1　用户管理 ········································································· 137
13.2　工程加密 ········································································· 144
【思考题】 ················································································· 145

## 项目14　组态软件冗余系统设计 ························································ 146

【项目要求及目标】 ···································································· 146
【项目实施步骤】 ······································································ 146
14.1　服务器双机热备份 ···························································· 146
14.2　双网络冗余配置 ······························································· 149
14.3　双设备冗余配置 ······························································· 150
14.4　双IOServer冗余配置 ························································· 153
【思考题】 ················································································· 157

## 项目15　组态软件的网络配置及Web发布 ············································ 158

【项目要求及目标】 ···································································· 158
【项目实施步骤】 ······································································ 158
15.1　认识基于客户端–服务器模式的网络结构 ····························· 158
15.2　网络配置 ········································································· 160
15.3　Web发布 ········································································· 165
【思考题】 ················································································· 169

## 参考文献 ····················································································· 170

# 项目 1
# 认识工业控制网络

## 项目要求及目标

1. 了解工业控制的发展过程及工业控制网络的定义。
2. 理解工业控制网络的特点。
3. 理解传统控制网络——现场总线。
4. 理解现代控制网络——工业以太网。

## 相关理论知识

工业控制网络是计算机网络、通信技术与自动控制技术结合的产物,是随着科学技术的发展和企业对自动控制需求的不断提高、不断发展而发展的,是自动控制领域的局域网。

## 1.1 工业控制的发展过程

工业控制网络是随着科学技术的进步而产生、发展的。纵观控制系统的发展过程,大致可以分为如下几个阶段。

### 1. 模拟仪表控制系统

在 20 世纪 50 年代以前,工业生产规模比较小,控制系统简单,仪表本身也处于初级阶段,所以只能采用安装在生产设备现场,且仅具备简单测控功能的基地式气动仪表实现各种控制功能。其信号只能在本仪表或仪表组合内起作用,不能传给其他仪表系统。

模拟仪表控制系统主要采用气动仪表或者仪表组合作为控制核心,利用与仪表相连接的机械结构,或者仪表组合解决一个自动化系统的测量、记录、控制等全部问题。仪表组合一般包括变送、调节、运算、显示、执行等单元。图 1-1 所示为模拟仪表控制系统的结构框图。

模拟仪表控制系统中,现场的仪表和自动化设备提供的都是模拟信号,这些模拟信号全部送往集中控制室的控制盘上,操作员可以在控制室集中观测生产流程各处的状况。但模拟信号的传递需要一对一的物理连接,信号变化缓慢,计算速度和精度都难以保证,信号传输的抗干扰能力也很差,传输距离也很有限。

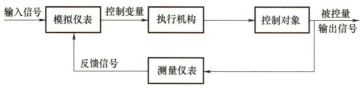

图 1-1  模拟仪表控制系统的结构框图

### 2. 计算机控制系统

为了解决模拟仪表控制系统的缺点,20 世纪 60 年代开始采用计算机来代替模拟仪表完成控制功能。现场的数字信号和模拟信号都接入主控室的中心计算机上,由中心计算机统一进行监视和处理,形成了计算机控制系统(Computer Control System,CCS)。图 1-2 所示为计算机控制系统结构框图。

通过使用数字技术,克服了模拟技术的缺陷,延长了通信距离,提高了信号的精度,而且还可以采用更先进的控制技术,如复杂的控制算法和协调控制等,使得自动控制更加可靠。不过,由于当时计算机技术的限制,中心计算机并不可靠,一旦中心计算机出现故障,就会导致整个系统瘫痪。

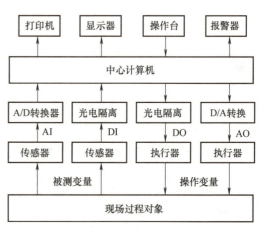

图 1-2  计算机控制系统结构框图

### 3. 集散控制系统

集散控制系统(Distributed Control System,DCS)是随着计算机技术的发展、大规模集成电路和微处理器技术问世,以及计算机的可靠性不断提高而产生的。它是由可编程控制器(PLC)及多个计算机构成的。图 1-3 所示为集散控制系统结构框图。

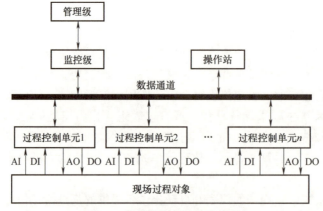

图 1-3  集散控制系统结构框图

集散控制系统是相对于集中控制系统而言的,是一种新型计算机控制系统,是在集中控制系统的基础上发展、演变而来的。集散控制系统弥补了传统的集中控制系统的缺陷,实现了集中管理、分散控制。这种系统在功能和性能上较集中控制系统有了很大的进步,实现了控制室与DCS控制站或PLC之间的网络通信,减少了控制室与现场之间的电缆数目。

集散控制系统中已经采用了工业控制网络技术,扩大了系统的规模,提高了系统的智能化程度,但是在现场的传感器、执行器与DCS控制站之间仍然是一个信号一根电缆的传输方式,电缆数量多,信号传送过程中的干扰问题仍然很突出。而且,在集散控制系统形成的过程中,各厂商的产品自成系统,难以实现不同系统间的互操作。集散控制系统结构元件是多级主从关系,现场设备之间相互通信必须经过主机,使得主机负荷重、效率低,且主机发生故障,整个系统就会崩溃。集散控制系统还使用了大量的模拟信号,很多现场仪表仍然使用传统的4~20mA电流模拟信号,传输可靠性差,不易于数字化处理。各系统设计厂家的集散控制系统制订独立的标准,通信协议不开放,极大地制约了系统的集成与应用。因此,仍需要更加合理的工业控制网络系统。

**4. 现场总线控制系统**

现场总线控制系统(Fieldbus Control System,FCS)是在计算机和网络技术的飞速发展的情况下而迅猛发展起来的。集散控制系统中,仪表设备与控制设备之间是点对点的连接,现场总线控制系统中现场设备多点共享总线,不仅节约了连线,大大地降低了布线成本,而且实现了通信链路的多点之间的信息传输,提高了通信的可靠性。图1-4所示为现场总线控制系统的结构框图。

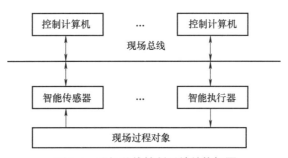

图 1-4 现场总线控制系统结构框图

现场总线技术的出现彻底改变了工业自动控制系统的面貌,正是在这个阶段,工业控制网络的概念逐渐深入人心,工业控制网络逐渐形成。功能强大的工业控制网络的出现,使得整个企业信息(包括经营管理信息和控制信息)系统开始向更高的层次迈进。

**5. 工业以太网**

对于现场总线来说,由于各大公司利益的原因,现场总线的国际标准一直未能统一,远未达到真正实现开放性。以太网作为一种成功的网络技术,在办公自动化和管理信息系统中获得了广泛应用,已经成为实际意义上的统一标准。由于以太网具有成本低、稳定和可靠等诸多优点,所以将以太网应用于工业自动控制系统的呼声越来越高,也就是使得控制和管理系统中的信息无缝衔接,真正实现"一网到底"。

工业以太网是以太网技术向工业控制领域渗透催生的产物,一般技术上与商用以太网

（即 IEEE 801.13 或 IEEE 802.11 系列标准）兼容，但在产品设计、材质的选用、产品的强度、适用性以及实时性、可互操作性、可靠性、抗干扰性和本质安全等方面与商用以太网有着巨大的区别。

工业以太网是在以太网协议的基础上，建立了完整有效的通信服务模型，制订了有效的以太网服务机制，实现了工业现场控制系统中实时与非实时信息的传输，形成了被广泛接受的应用层协议，也就是所谓的工业以太网协议。工业以太网能满足工业现场的需要，是基于成熟的以太网技术和 TCP/IP 技术，具有较高的实时性能和传输能力。

## 1.2 工业控制网络特点

工业控制网络是 3C 技术，即计算机、通信和控制（Computer，Communication and Control）发展汇集成的结合点，是信息技术、数字化、智能化网络发展到现场的结果。

工业控制网络是一类特殊的网络，它与传统的信息网络相比主要有如下区别。

**1. 应用场合**

信息网络主要应用于普通办公场合，对环境要求较高；而工业控制网络应用于工业生产过程中，现场会面临酷暑严寒、粉尘、电磁干扰、振动及易燃易爆等各种复杂的工业环境。

**2. 网络节点**

信息网络的网络节点主要是计算机、工作站、打印机及显示终端等设备；而工业控制网络除了以上设备之外，还有 PLC、数字调节器、开关、电动机、变送器、阀门和按钮等网络节点，多为内嵌 CPU、单片机或其他专用芯片的设备。

**3. 任务处理**

信息网络的主要任务是传输文件、图像、声音等，许多情况下有人参与；而工业控制网络的主要任务是传输工业数据，承担自动测控任务，许多情况下要求自动完成。

**4. 实时性**

信息网络一般在时间上没有严格的需求，时间上的不确定性不至于造成严重的不良后果，而工业控制网络必须满足对控制的实时性要求，对某些变量的数据往往要求准确定时刷新，控制作用必须在一定时限内完成。

**5. 网络监控和维护**

信息网络必须由专业人员使用专业工具完成监控和维护；而工业控制网络的网络监控为工厂监控的一部分，网络模块可被人机接口（HMI）软件监控。

## 1.3 传统工业控制网——现场总线

**1. 现场总线的定义**

目前来说，对现场总线概念的理解和解释存在一些不同的表述，如：现场总线是一种用于连接现场设备，如传感器、执行器以及像 PLC、调节器、驱动控制器等现场控制器的网络；是应用在生产现场、在微机化测量控制设备之间实现双向串行多节点数字通信的系统，也被称为开放式、数字化、多点通信的底层控制网络；是用于工厂自动化和过程自动化领域的现场设备或现场仪表互连的现场数字通信网络；是现场通信网络与控制系统的集成；是指安装在现场的计算机、控制器以及生产设备等连接构成的网络;是应用在生产现场、在测量控制设备之间实现工业数据通信、形成开放型测控网络的新技术;是自动化领域的计算机局域网,是网络集成的测控系统。

根据国际电工委员会 IEC61158 标准定义,现场总线是指安装在制造或过程区域的现场装置与控制室内的自动控制装置之间数字式、串行、多点通信的数据总线。

另外,现场总线也可指以测量控制设备作为网络节点,以双绞线等传输介质作为纽带,把位于生产现场、具备了数字计算和数字通信能力的测量控制设备连接成网络系统,按照公开、规范的网络协议,在多个测量控制设备之间以及现场设备与远程监控计算机之间实现数据传输与信息交换,形成适应各种应用需要的自动控制系统。

### 2. 现场总线的发展历程

现场总线技术起源于欧洲,以欧、美、日等国家和地区最为发达,世界上已出现过的总线种类有近 200 种。经过近 20 年的竞争和完善,目前较有生命力的有 10 多种,并仍处于激烈的市场竞争之中。加之众多自动化仪表制造商在开发智能仪表通信技术的过程中已形成不同的特点,使得统一标准的制定困难重重。

1984 年,美国仪表协会(ISA)下属的标准与实施工作组中的 ISA/SP50 开始制定现场总线标准。1985 年,国际电工委员会决定由 Proway Working Group 负责现场总线体系结构与标准的研究制定工作。1986 年,德国开始制定过程现场总线(Process Fieldbus)标准,简称为 PROFIBUS,由此拉开了现场总线标准制定及其产品开发的序幕。与此同时,其他一些组织或机构(如 World FIP 等)也开始从事现场总线标准的制定和研究。

1992 年,以 Fisher-Rousemount(现在的爱默生 Emerson)公司为首,联合 Foxboro、Yokogawa(横河)、ABB 及西门子等 80 家公司成立了 ISP(可互操作系统规划)组织,以德国标准 PROFIBUS 为基础制定现场总线标准。

1993 年,由 Honeywell 和 Bailey 等公司牵头,成立了 World FIP,约有 150 个公司加盟,以法国标准 FIP 为基础制定现场总线标准。

1994 年,ISP 和 World FIP 握手言和,成立了现场总线基金会(Fieldbus Foundation)组织,推出了低速总线 H1 和高速总线 H2。

由于较长时期没有统一标准,对用户影响最大的就是难以把不同制造商生产的仪表集成在一个系统中。因此,现场总线在过程控制中得以实际应用,一直延误到 20 世纪 90 年代后期才逐步实现。

1999 年年底,包含 8 种现场总线标准在内的国际标准 IEC61158 开始生效,除基金会现场总线(Foundation Fieldbus)H1、H2 和 PROFIBUS 以外,还有 World FIP、Interbus ControlNet、P-NET 及 SwiftNet 等 5 种。

诞生于不同领域的总线技术往往对某一特定领域的适用性会好一些。如 PROFIBUS 较适用于工厂自动化,CAN 适用于汽车工业,FF 总线主要适用于过程控制,LonWorks 适用于楼宇自动化等。

### 3. 现场总线国际标准

标准化是实现大规模生产的重要保证,是规范市场秩序、连接国内外市场的重要手段。一般的产品在国内或国际上基本只有一种标准,但是现场总线自问世以来,一些大公司为了各自的利益,经过数十年的"明争暗斗",结果导致了现在现场总线多种国际标准并存的局面。目前市场上的产品采用的标准一般有以下几种。

（1）ISO11898 和 ISO11519

ISO11898 的标题为"ISO11898：1993 道路交通工具（Road Vehicle）数字信息交换（Interchange of Digital Information）用于高速通信（For High-speed Communication）的控制器局域网（CAN）"，它是 ISO/TC22/SC3（公路车辆技术委员会电气电子分委员会）于 1993 年发布的，它描述了 CAN 的一般结构，包括 CAN 物理层和数据链路层的详细技术规范，规定装备有 CAN 的道路交通工具电子控制单元之间以 125kbit/s~1Mbit/s 传输速率进行数字信息交换的各种特性。

ISO11519（1994—1995）是低速 CAN 和 VAN 的标准。ISO11519-1 说明用于道路交通工具的速率不大于 125kbit/s 的低速串行数据通信的一般定义，规定用于道路交通工具上不同类型电子模块之间进行信息传递的通信网的一般结构；ISO11519-2，3 分别说明用于道路交通工具的速率不大于 125kbit/s 的 CAN 和 VAN 通信网络的一般结构。

（2）IEC61158

IEC61158 是工业控制系统现场总线标准，它是国际电工委员会（International Electrotechnical Commission，IEC）的现场总线标准。IEC61158 是制定时间最长、投票次数最多、意见分歧最大的国际标准之一。到目前为止，IEC61158 共有 4 个不同的版本（1984—2007），最新版本为 IEC61158-6-20（2007 年发布），总共有 20 种现场总线加入该标准。其中针对现场总线的标准主要在第二版。表 1-1 为 IEC61158 第二版标准中的 8 种现场总线类型。

表 1-1　IEC61158 第二版标准中的 8 种现场总线类型

| 类型号 | 类型名称 | 支持公司 |
| --- | --- | --- |
| Type 1 | IEC61158 TS，即 FF | 美国费希尔 - 罗斯蒙特，即现在的爱默生 |
| Type 2 | ControlNet | 美国罗克韦尔自动化（Rockwell Automation） |
| Type 3 | PROFIBUS | 德国西门子（Siemens） |
| Type 4 | P-NET | 丹麦 Process Data |
| Type 5 | FF HSE | 美国费希尔 - 罗斯蒙特，即现在的爱默生 |
| Type 6 | SwiftNet | 美国波音（Boeing） |
| Type 7 | WorldFIP | 法国阿尔斯通（Alstom） |
| Type 8 | Interbus | 德国菲尼克斯（Phoenix Contact） |

IEC61158 采纳多种现场总线主要是技术原因和利益驱动。目前尚没有一种现场总线对所有应用领域在技术上都是最优的。

（3）IEC62026

IEC62026 为低压开关设备和控制设备的现场总线（设备层现场总线）国际标准。该标准共有 7 个部分，其中 IEC62026-4 LonWorks、IEC62026-5 智能分布系统（SDS）和 IEC62026-6 串行多路控制总线（Seriplex）这三个部分由于技术或者推广等原因现已作废，现行的 IEC62026 标准有：

1）IEC62026-1-2007 低压开关设备和控制设备控制器 - 设备接口（CDIs）第 1 部分：总则。

2)IEC62026-2-2008 低压开关设备和控制设备控制器-设备接口（CDIs）第2部分：执行器传感器接口（AS-i）。

3)IEC62026-3-2008 低压开关设备和控制设备控制器-设备接口（CDIs）第3部分：DeviceNet。

4)IEC62026-7-2010 低压开关设备和控制设备控制器-设备接口（CDIs）第7部分：混合网络。

#### 4. 常用现场总线

（1）基金会现场总线（FF）

基金会现场总线（Foundation Fieldbus，FF）是在过程自动化领域得到广泛支持和具有专有良好发展前景的技术。其前身是以美国 Fisher-Rosemount 公司为首，联合 Foxboro、横河、ABB、西门子等80家公司制定的 ISP 和以 Honeywell 公司为首的联合欧洲等地150家公司制定的 WorldFIP。迫于用户的压力，这两大集团于1994年9月合并，成立了现场总线基金会，致力于开发出国际上统一的现场总线协议。它在 ISO/OSI 开放系统层上增加了用户层。用户层主要针对自动化测控应用的需要，定义了信息存取的统一规则，采用设备描述语言规定了通用的功能块集。由于这些公司具有在该领域掌控现场自控设备发展方向的能力，因而由它们组成的基金会所颁布的现场总线规范具有一定的权威性。图1-5所示为基金会现场总线网络结构。

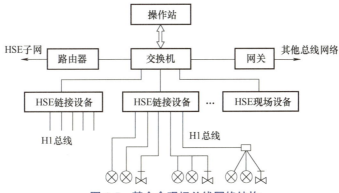

图1-5 基金会现场总线网络结构

在基金会现场总线网络结构中，现场设备层为 H1 低速现场总线，其传输速率仅为 31.25kbit/s，能够连接 2~32 个设备/段；上层为 HSE（High-Speed Ethernet，高速以太网），其传输速率可达 2.5Mbit/s，可集成多达 32 条 H1 总线，也可支持 PLC 和其他工业设备。

基金会现场总线以 ISO/OSI 开放系统互连模型为基础，取其物理层、数据链路层、应用层为 FF 通信模型的相应层次，并在应用层上增加了用户层。基金会现场总线的主要技术内容包括 FF 通信协议，用于完成开放互连模型中第2~7层通信协议的通信栈，用于描述设备特性、参数、属性及操作接口的设备描述语言和设备描述字典，用于实现测量、控制、工程量转换等功能的功能块，实现系统组态、调度、管理等功能的系统软件技术以及构筑集成自动化系统、网络系统的系统集成技术。

（2）PROFIBUS

PROFIBUS 是过程现场总线的缩写，它是一种国际化、开放式、不依赖于设备生产商的现场总线标准。PROFIBUS 传输速率可在 9.6kbit/s~12Mbit/s 范围内选择，且当总线系统启动时，所有连接到总线上的装置应该被设成相同的速率。PROFIBUS 广泛适用于制造业自动化、流程工业自动化和楼宇、交通电力等其他领域自动化，是一种用于工厂自动化车间级监控和现场设备层数据通信与控制的现场总线技术，可实现现场设备层到车间级监控的分散式数字控制和现场通信网络，从而为实现工厂综合自动化和现场设备智能化提供了可行的解决方案。图 1-6 所示为 PROFIBUS 工业控制网络的结构。

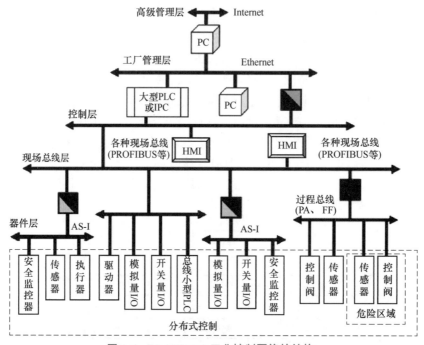

图 1-6　PROFIBUS 工业控制网络的结构

AS-I（Actuator Sensor Interface）被公认为是一种最好、最简单、成本最低的底层现场总线，它通过高柔性和高可靠性的单电缆把现场具有通信能力的传感器和执行器方便地连接起来，组成 AS-I 网络。AS-I 网络可以在简单应用中自成系统，更可以通过连接单元连接到各种现场总线或通信系统中，它取代了传统自控系统中烦琐的底层接线，实现了形成设备信号的数字化和故障诊断的现场化、智能化，大大提高了整个系统的可靠性，节约了系统安装、调试成本。

PROFIBUS 可使分散式数字化控制器从现场底层到车间级网络化，并可同时实现集中控制、分散控制和混合控制 3 种方式。PROFIBUS 工业控制网络系统分为主站和从站，主站决定总线的数据通信，当主站得到总线控制权（令牌）时，没有外界请求也可以主动发送信息。在 PROFIBUS 协议中，主站也称为主动站。从站为外围设备，典型的从站包括输入/输出装置、阀门、驱动器和测量发射器，它们没有总线控制权，仅对接收到的信息给予确认或当主站发出请求时向它发送信息。从站也称为被动站，由于从站只需总线协议的一小部分，所以实施起来特别经济。

工业以太网出现在工业控制网络的工厂管理层，利用其环境适应性、可靠性、安全性以及安装方便等特点，管理整个工厂的下层网络。而在最上面的高级管理层使用的则是商业以太网 Internet，从而实现远程管理。

（3）Modbus

Modbus 是全球第一个真正用于工业现场的总线协议，它是于 1979 年由莫迪康（Modicon）公司发明的。莫迪康后来被施耐德收购，目前 Modbus 主要由施耐德公司支持。Modbus 协议是应用于电子控制器上的一种通用协议。通过此协议，控制器相互之间经由网络（例如以太网）和其他设备之间可以通信，它已经成为一通用工业标准。图 1-7 所示为典型 Modbus 网络结构。

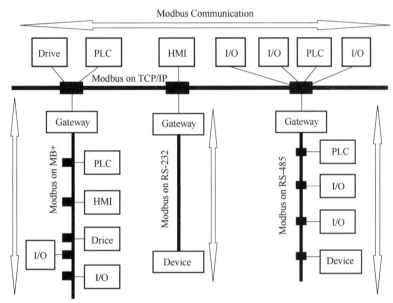

图 1-7　典型 Modbus 网络结构

标准的 Modbus 物理层采用 RS-232 串行通信标准，远距离可以考虑用 RS-422 或者 RS-485 来代替。通信的网络结构为主从模式。值得指出的是，RS-232 和 RS-422 仅支持点对点通信，所以在多点通信的情况下应当采用 RS-485。

典型 Modbus 网络结构中，每种设备（PLC、HML 控制面板、驱动程序、动作控制、输入/输出设备）都能使用 Modbus 协议来启动远程操作。在基于串行链路和 TCP/IP 以太网络的 Modbus 上可以进行相互通信。一些网关允许在几种使用 Modbus 协议的总线或网络之间进行通信。

当在 Modbus 网络上通信时，此协议要求每个控制器需要知道网络上的设备地址，能够识别发来消息的地址，决定要产生何种行动。如果需要回应，控制器将生成反馈信息并用 Modbus 协议发出。在其他网络上，包含了 Modbus 协议的消息会转换为在此网络上使用的帧或包结构，这种转换也扩展了根据具体的网络解决节地址、路由路径及错误检测的方法。

（4）CAN 总线

CAN 总线是控制器局域网（Controller Area Network，CAN）的缩写，属于工业现场总线的范畴，是由以研发和生产汽车电子产品著称的德国 BOSCH 公司开发的，是 ISO 国际标准化的串行通信协议。CAN 总线是国际上应用最广泛的现场总线之一，与一般的通信总线相比，CAN 总线的数据通信具有突出的可靠性、实时性和灵活性。由于其良好的性能及独特的设计，CAN 总线越来越受到人们的重视，它在汽车领域得到了广泛应用。

在汽车设计中，运用微处理器及电控技术是满足安全性、便捷性、舒适性和人性化的最好方法，而且已经得到了广泛的运用。目前这些系统有 ABS（防抱死系统）、EBD（制动力分配系统）、EMS（发动机管理系统）、多功能数字化仪表、主动悬架、导航系统、电子防盗系统、自动空调和自动 CD 机等。目前，几乎每一辆欧洲生产的轿车上都有 CAN 总线，高级客车上会有两套 CAN 总线，如图 1-8 所示为典型的 CAN 总线网络结构。

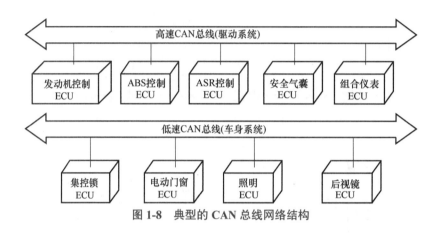

图 1-8 典型的 CAN 总线网络结构

现在，CAN 总线的高性能和可靠性已被认同，而且已经形成国际标准，并已被公认为几种最有前途的现场总线之一。其典型的应用协议有 SAEJ1939/ISO11783、CANopen、CANaerospace、DeviceNet 及 NMEA2000 等。由于 CAN 总线本身的特点，其所具有的高可靠性和良好的错误检测能力受到重视，其应用范围目前已不再局限于汽车行业，已向自动控制、航空航天、航海、过程工业、机械工业（如纺织机械、农用机械、机器人、数控机床）等领域发展，成为当今自动化领域技术发展的热点之一。它的出现为分布式控制系统实现各节点之间实时、可靠的数据通信提供了强有力的技术支持。

（5）LonWorks

LonWorks 现场总线由美国 Echelon 公司推出，并由 Motorola、Toshiba 公司共同倡导。它采用 ISO/OSI 模型的全部 7 层通信协议，采用面向对象的设计方法，通过网络变量把网络通信设计简化为参数设置。它支持双绞线、同轴电缆、光缆和红外线等多种通信介质，通信速率从 300bit/s~1.5Mbit/s 不等，直接通信距离可达 2700m（78kbit/s），被誉为通用控制网络。图 1-9 所示为典型 LonWorks 网络结构，其中 iLon1000 是一种高性能的 LonWorks/IP 路由器，实现 TCP/IP 网络与 LonWorks 网络的通信。

LonWorks 网络的核心是神经元芯片（Neuron Chip），LonWorks 技术采用的 LonTalk 协议，被封装到 Neunm 神经元芯片中。神经元芯片是高度集成的，内部含有 3 个 8 位的 CPU，第一个 CPU 为介质访问控制处理器，处理 LonTalk 协议的第一层和第二层；第二个 CPU 为网络处理器，它实现 LonTalk 协议的第三层至第六层；第三个 CPU 为应用处理器，实现 LonTalk 协议的第七层，执行用户编写的代码及用代码所调用的操作系统提供服务。

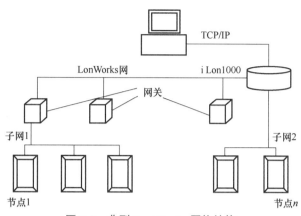

图 1-9 典型 LonWorks 网络结构

神经元芯片实现了完整的 LonWorks 的 LonTalk 通信协议。LonWorks 采用 LonWorks 技术和神经元芯片的产品,被广泛应用在楼宇自动化、家庭自动化、保安系统、办公设备、交通运输及工业过程控制等行业。

## 1.4 现代工业控制网络——工业以太网

**1. 工业以太网定义**

工业以太网一般是指在技术上与商业以太网(即 IEEE802.3 标准)兼容,但在产品设计时,材质的选用、产品的强度、适用性以及实时性等方面能够满足工业现场的需要,也就是满足生产环境、可靠性、实时性、安全性以及安装方便等要求的以太网。

工业以太网是应用于工业自动化领域的以太网技术,是在以太网技术和 TCP/IP 技术的基础上发展起来的一种工业控制网络。以太网进入工业自动化领域的直接原因是现场总线多种标准并存,异种网络通信困难。在这样的技术背景下,以太网逐步应用于工业控制领域,并且快速发展。工业以太网的发展得益于以太网多方面的技术进步。

**2. 工业以太网的发展历程**

现场总线解决了工厂自动化和过程自动化领域中现场级系统的通信。但随着自动化控制系统的不断进步和发展,传统的现场总线技术在许多应用场合已经难以满足用户不断增长的需求。现场总线的高成本、低速率、难于选择以及难于互连、互通、互操作等问题逐渐显露。工业控制网络发展的基本趋势是开放性以及透明的通信协议。现场总线出现问题的根本原因在于总线的开放性是有条件且不彻底的。

以太网是在 1972 年发明的。1979 年 9 月,Xerox、DEC、Intel 等公司联合推出了《以太网,一种局域网:数据链路层和物理层规范》(1.0 版),并于 1982 年公布了以太网规范。IEEE 802.3 就是以这个技术规范为基础制定的。早期的以太网由于采用了 CSMA/CD 介质访问控制机制,各个节点采用 BEB 算法处理冲突,具有排队延迟不确定的缺陷,无法保证确定的排队延迟和通信响应确定性,不能满足工业控制的实时性要求,无法在工业控制中得到有效的使用。因此,早期的以太网一直被视为非确定性的网络。

随着 IT 的发展,以太网的发展也取得了本质的飞跃,先后产生了高速以太网(100Mbit/s)

和千兆以太网产品以及国际标准，10Gbit/s 以太网也在研究之中。因此，将以太网应用到过程控制领域成为可能。又由于以太网技术具有成本低、通信速率和带宽高、兼容性好、软硬件资源丰富、广泛的技术支持基础和强大的持续发展潜力等诸多优点，以太网在工业控制应用后迅速得到了发展。事实证明，通过采用适当的系统设计和流量控制技术，以太网完全能用于工业控制网络，完全可以满足工业数据通信的实时性及工业现场环境要求，并可直接向下延伸应用于工业现场设备间的通信。以太网具有传输速率高、易于安装和兼容性好等优势，因此基于以太网的工业控制网络是发展的必然趋势。

**3. 工业以太网的特点**

工业以太网是在普通以太网基础上衍生出来的，相比较普通的以太网，在技术上工业以太网的发展主要体现在以下 3 个方面：

（1）通信的确定性与实时性

快速以太网与交换式以太网技术的发展，为解决以太网的非确定性问题带来了契机。首先是提高了通信速率，目前以太网的通信速率从高速以太网（100Mbit/s）、千兆以太网，发展到 10Gbit/s 以太网，甚至更高速率的以太网，在相同通信量的前提下，大大缩短了通信信号占用传输介质的时间，减少了信号的碰撞冲突，为解决以太网通信不确定性提供了有效途径。其次，控制网络负荷、合理控制网络的通信量，也减小了信号的碰撞冲突。最后，采用以太网的全双工交换技术和星形网络拓扑结构，交换机将网络分成若干个网段，使各个端口之间输入和输出数据帧能够得到缓冲而不再发生冲突。同时，交换机可以将网络上传输的数据进行过滤，使每个网段内节点间数据的传输只限于本地网段内进行，不再经过主干网，从而降低了所有网段和主干网的负荷。而全双工通信也可以明显提高网络的确定性。所以全双工交换式以太网能够有效避免冲突，更能满足工业控制网络的要求。但这只能说缓解了工业以太网的非确定性，并没有从根本上解决工业控制网络的确定性和实时性，还需要积极发展工业以太网的技术。

（2）稳定性与可靠性

工业以太网的专用器件的出现为网络的稳定性与可靠性提供了保证。一个典型的工业以太网络环境，通常有以下三类网络器件：

1）网络连接组件：包括交换机、中继器等各种网络信息传输、交换的设备。

2）网络通信媒体：可以采用普通双绞线、工业屏蔽双绞线、光纤和无线通信。

3）网络接口模块：将各种控制器连接到工业以太网，包括工作站、服务器等计算机与工业以太网的连接模块（也称为 PG/PC 工业以太网通信模块），PLC 与工业以太网的通信模块等。

（3）工业以太网协议

当以太网用于信息技术时，应用层包括 HTTP、FTP、SNMP 等常用协议，但当它用于工业控制时，由于工业以太网除了完成数据传输以外，还需要依靠传输的数据和指令执行某些控制计算和操作功能，因此这些协议并不适用于工业以太网的实时通信。不过，到目前，工业以太网还没有统一的应用层协议，但受到广泛支持并已经开发出相应产品的有 4 种主要协议：HSE、Modbus TCP/IP、ProfiNet、Ethernet/IP。

通过前面对工业以太网技术的介绍可以发现，工业以太网与普通以太网在本质上的区别有两点：

1）工业以太网的实时性更高，无论是采用全双工交换式以太网技术，还是采用工业以太网协议技术，都提高了网络的实时性。

2）抗干扰能力更强，也就是提高网络的稳定性与可靠性。

**4. 工业以太网的参考模型**

（1）OSI 参考模型

为了实现不同厂商的设备之间的互联操作与数据交换，国际标准化组织（International Standard Organization，ISO）于 1984 年提出了 OSI 参考模型（Open System Interconnection Reference Model，开放系统互连参考模型）。OSI 参考模型如图 1-10 所示。

图 1-10　OSI 参考模型

OSI 模型的设计目的是成为一个开放网络互联模型，来克服使用众多网络模型所带来的互联困难和低效性；OSI 参考模型也是在博采众长的基础上形成的互联网技术，它促进了数据通信与计算机网络的发展，很快成为计算机网络通信的基础模型。

1）物理层。物理层是参考模型中的最底层，主要定义了系统的电气、机械、过程和功能标准。如：电压、物理数据速率、最大传输距离、物理连接器和其他的类似特性。物理层的主要功能是利用传输介质为数据链路层提供物理连接，负责数据流的物理传输工作。物理层传输的基本单位是比特流，即 0 和 1，也就是最基本的电信号或光信号，是最基本的物理传输特征。

2）数据链路层。数据链路层是在通信实体间建立数据链路连接，传输的基本单位为"帧"，并为网络层提供差错控制和流量控制服务。数据链路层由 MAC（介质访问控制子层）和 LLC（逻辑链路控制子层）组成。介质访问控制子层的主要任务是规定如何在物理线路上传输帧。逻辑链路控制子层对在同一条网络链路上的设备之间的通信进行管理。数据链路控制子层主要负责逻辑上识别不同协议类型，并对其进行封装。也就是说数据链路控制子层会接收网络协议数据、分组的数据报并且添加更多的控制信息，从而把这个分组传送到它的目标设备。

3）网络层。网络层主要为数据在节点之间传输创建逻辑链路，通过路由选择算法为分组选择最佳路径，从而实现拥塞控制、网络互联等功能。网络层是以路由器为最高节点俯瞰网络的关键层，负责把分组从源网络传输到目标网络的路由选择工作。互联网是由多个网络组成在一起的一个集合，正是借助了网络层的路由路径选择功能，才能使得多个网络之间的连接得以畅通，信息得以共享。网络层提供的服务有面向连接和面向无连接的服务两种。面向连接的服务是可靠的连接服务，是数据在交换之前必须先建立连接，然后传输数据，结束后终止之前建立连接的服务。网络层以虚电路服务的方式实现面向连接的服务。面向无连接的服务是一种不可靠的服务，不能防止报文的丢失、重发或失序。面向无连接的服务优点在于其服务方式灵活方便，并且非常迅速。网络层以数据报服务的方式实现面向无连接的服务。

4）传输层。传输层是网络体系结构中高低层之间衔接的一个接口层。传输层不仅仅是一个单独的结构层，而是整个分析体系协议的核心。传输层主要为用户提供 End—to—End（端到端）服务，处理数据报错误、数据包次序等传输问题。传输层是计算机通信体系结构中关键一层，它向高层屏蔽了下层数据的通信细节，使用户完全不用考虑物理层、数据链路层和网络层工作的详细情况。传输层使用网络层提供的网络连接服务，依据系统需求可以选择数据传输时使用面向连接的服务或是面向无连接的服务。

5）会话层。会话层的主要功能是负责维护两个节点之间的传输连接，确保点到点传输不中断，以及管理数据交换等功能。会话层在应用进程中建立、管理和终止会话。会话层还可以通过对话控制来决定使用何种通信方式，即全双工通信或半双工通信。会话层通过自身协议对请求与应答进行协调。

6）表示层。表示层为在应用过程之间传送的信息提供表示方法的服务。表示层以下各层主要完成的是从源端到目的端可靠的数据传送，而表示层更关心的是所传送数据的语法和语义。表示层的主要功能是处理在两个通信系统中交换信息的表示方式，主要包括数据格式变化、数据加密与解密、数据压缩与解压等。在网络带宽一定的前提下数据压缩的越小其传输速率就越快，所以表示层的数据压缩与解压被视为掌握网络传输速率的关键因素。表示层提供的数据加密服务是重要的网络安全要素，其确保了数据的安全传输，也是各种安全服务最为重视的。表示层为应用层所提供的服务包括：语法转换、语法选择和连接管理。

7）应用层。应用层是 OSI 模型中的最高层，是直接面向用户的一层，用户的通信内容要由应用进程解决，这就要求应用层采用不同的应用协议来解决不同类型的应用要求，并且保证这些不同类型的应用所采用的低层通信协议是一致的。应用层中包含了若干独立的用户通用服务协议模块，为网络用户之间的通信提供专用的程序服务。需要注意的是应用层并不是应用程序，而是为应用程序提供服务。

（2）TCP/IP 模型

OSI 参考模型是一个理论模型，在实际网络中都遵循分层思想，但都与之不尽相同。以太网遵循的是 TCP/IP 模型（Transmission Control Protocol/Internet Protocol，传输控制协议/网际协议）。TCP/IP 在一定程度上参考了 OSI 的体系结构。OSI 模型共有 7 层，显然是有些复杂的，所以在 TCP/IP 中，它们被简化为了 4 个层次：网络接口层（也称链路层）、网络层、传输层、应用层，其与 OSI 参考模型的对应关系如图 1-11 所示。

网络接口层：在 TCP/IP 中，网络接口层

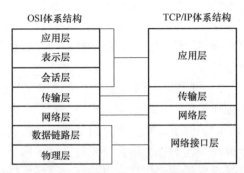

图 1-11　OSI 参考模型与 TCP/IP 模型的对应关系

位于第四层,相当于兼并了 OSI 的物理层和数据链路层,所以,网络接口层既是传输数据的物理媒介,也可以为网络层提供准确无误的服务。

网络层:在 TCP/IP 中的位于第三层。在 TCP/IP 中网络层可以进行网络连接的建立和终止、IP 地址的寻找等功能。

传输层:作为 TCP/IP 的第二层,传输层在整个 TCP/IP 中起到了中流砥柱的作用。且在传输中,TCP 和 UDP 也同样起到了中流砥柱的作用。

应用层:作为 TCP/IP 的第一层,是直接为应用进程提供服务的。对不同种类的应用程序,它们会根据自己的需要来使用应用层的不同协议。另外,应用层还能加密、解密、格式化数据,并可以根据需要建立或解除与其他节点的联系,这样可以充分节省网络资源。

**5. 常用工业以太网**

为了满足工业现场控制系统的应用要求,必须在以太网的 TCP/IP 之上建立完整有效的通信服务模型,制定有效的实时通信服务机制,协调好工业控制系统中实时和非实时信息的传输服务,形成被广泛接受的应用层协议,也就是所谓的工业以太网协议。目前获得广泛支持并已经开发出相应产品的有 4 种主要协议:HSE、Modbus TCP/IP、ProfiNet、Ethernet/IP。

(1) HSE

基金会现场总线 FF 于 2000 年发布 Ethernet 规范,称为 HSE(High Speed Ethernet)。HSE 是以太网协议 IEEE802.3、TCP/IP 与 FF 现场总线的结合体。FF 现场总线基金会明确将 HSE 定位于实现控制网络与 Internet 的集成。HSE 系统结构如图 1-12 所示。

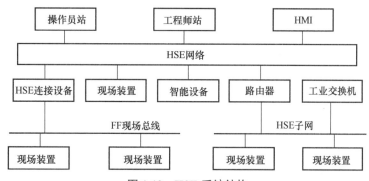

图 1-12 HSE 系统结构

HSE 技术的一个核心部分就是连接设备,它是 HSE 体系结构将 H1(31.25kbit/s)设备连接 100Mbit/s 的 HSE 主干网的关键组成部分,同时也具有网桥和网关的功能。网桥功能能够用于连接多个 H1 总线网段,使同 H1 网段上的 H1 设备之间能够进行对等通信而无须主机系统的干涉。

网关功能允许将 HSE 网络连接到其他的工厂控制网络和信息网络,HSE 连接设备不需要为 H1 子系统作报文解释,而是将来自 H1 总线网段的报文数据集合起来并且将 H1 地址转化为 IP 地址。

(2) Modbus TCP/IP

该协议由施耐德公司推出,以一种非常简单的方式将 Modbus 帧嵌入到 TCP 帧中,使

Modbus 与以太网和 TCP/IP 结合，成为 Modbus TCP/IP。这是一种面向连接的方式，每一个呼叫都要求一个应答，这种呼叫/应答的机制与 Modbus 的主/从机制相互配合，使交换式以太网具有很高的确定性，利用 TCP/IP，通过网页的形式可以使用户界面更加友好。Modbus TCP/IP 系统结构如图 1-13 所示。

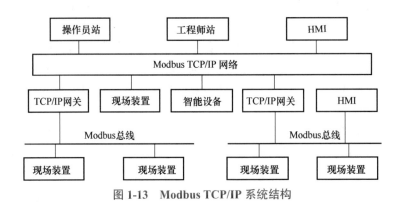

图 1-13 Modbus TCP/IP 系统结构

施耐德公司已经为 Modbus 注册了 502 端口，这样就可以将实时数据嵌入到网页中，利用网络浏览器便可查看企业网内部设备运行情况。通过在设备中嵌入 Web 服务器，就可以将 Web 浏览器作为设备的操作终端。

（3）ProfiNet

针对工业应用需求，德国西门子于 2001 年发布了该协议，它是将原有的 Profibus 与互联网技术结合，形成了 ProfiNet 的网络方案，主要包括：基于组件对象模型（COM）的分布式自动化系统；规定了 ProfiNet 现场总线和标准以太网之间的开放、透明通信；提供了一个独立于制造商，包括设备层和系统层的系统模型。

ProfiNet 采用标准 TCP/IP 以太网作为连接介质，采用标准 TCP/IP 加上应用层的 RPC/DCOM 来完成节点间的通信和网络寻址。它可以同时挂接传统 Profibus 系统和新型的智能现场设备。ProfiNet 系统结构如图 1-14 所示。

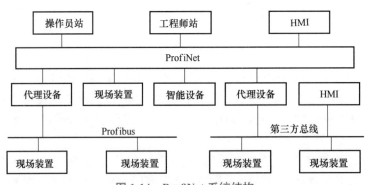

图 1-14 ProfiNet 系统结构

现有的 Profibus 网段可以通过一个代理设备（proxy）连接到 ProfiNet 网络当中，使整 Profibus 设备和协议能够原封不动地在 Pet 中使用。传统的 Profibus 设备可通过代理

proxy 与 ProfiNet 上面的 COM 对象进行通信，并通过 OLE 自动化接口实现 COM 对象间的调用。

（4）Ethernet/IP

Ethernet/IP 是适合工业环境应用的协议体系。它是由 ODVA（Open DeviceNet Vendors Assocation）和 ControlNet International 两大工业组织推出的最新成员与 DeviceNet 和 ControlNet 一样，它们都是基于 CIP（Control and Information Protocol）的网络。它是一种是面向对象的协议，能够保证网络上隐式（控制）的实时 I/O 信息和显式信息（包括用于组态、参数设置、诊断等）的有效传输。Ethernet/IP 系统结构如图 1-15 所示。

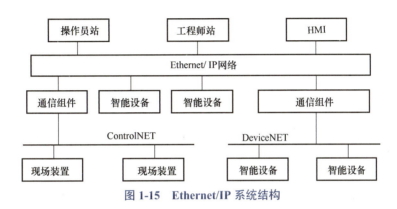

图 1-15　Ethernet/IP 系统结构

Ethernet/IP 采用和 DeviceNet 以及 ControlNet 相同的应用层协议 CIP。因此，它们使用相同的对象库和一致的行业规范，具有较好的一致性。Ethernet/IP 采用标准的 EtherNet 和 TCP/IP 技术传送 CIP 通信包，这样通用且开放的应用层协议 CIP 加上已经被广泛使用的 EtherNet 和 TCP/IP，就构成 EtherNet/IP 的体系结构。

## 1.5　工业控制网络发展趋势

工业控制网络的发展历经了从传统控制网络到现场总线，再到目前广泛研究的工业以太网以及无线网络的过程。纵观当今工业控制网络的发展趋势和市场需求，未来工业控制网络将有以下几种发展方向。

**1. 提高通信的实时性**

工业控制网络提高通信的实时性主要是使操作系统和交换技术支持实时通信。操作系统基于优先级策略对非实时和实时传输提供多队列排队方式。交换技术支持高优先级的数据包接入高优先级的端口，以便高优先级的数据包能够快速进入到传输队列。其他研究方向还包括怎样提高在 MAC 层上的数据传输的调度方法等。

**2. 提高通信的可靠性**

工业控制网络基于不同的网络交换技术，需进行不同类型网络站点之间的通信，因此通信的可靠性显得尤为重要。提高通信可靠性的研究方向之一在于设计虚拟自动化网络，以构筑深层防御系统。虚拟自动化网络中包含不同的抽象层和可靠区域，可靠区域包括远程接入区域、局部生产操作区域以及自动设备区域等，重点在于可靠区域的设计。

### 3. 提高通信的安全性

安全性意味着能预防危险,如系统故障、电磁干扰、高温辐射以及恶意攻击等因素所带来的威胁。工业以太网能够实现从管理级到现场级一致的数据传输,用户只需要掌握一种网络技术即可,同时也提高了工作效率。可是,统一的网络结构也因为整体的网络透明度承担了一定的风险。因此就必须有一套明确的规则来定义通信的时间和对象。

IEC61508 针对安全通信提出了黑通道机制,并制定了安全完整性等级 SIL。提高工业通信的安全性,以满足 SIL 高级别的要求,是工业控制网络安全性发展的趋势。目前一些总线研究机构基于黑通道原理,针对数据破坏、丢失、时延以及非法访问等错误采用了数据编号、密码授权以及 CRC 安全校验等安全保护措施,如 Interbus Safety、PROFIsafe 以及 EtherCAT Safety 等,这可作为工业控制网络安全性研究的参考。

### 4. 多现场总线集成

多现场总线并存且相互竞争的局面由来已久,在未来相当长的时间内这种局面还将继续。目前市场中主要用到的是 OPC(OLE for Process Control,用于过程控制的 OLE)技术,它是实现控制系统现场设备级与过程管理级进行信息交互、实现控制系统开放性的关键技术,同时也为不同现场总线系统的集成提供了有效的软件实现手段。多现场总线集成协同完成工业控制任务,是未来发展的趋势,研究方向之一是通过使用代理机制将单一总线系统中的设备映射到基于工业以太网的工业控制网络中。

### 5. 无线网络提供新的应用可能

如今无线网络技术(Wireless LAN,WLAN)被广泛应用在办公环境中。移动性、灵活性、非常易于安装、低成本等优点,使得这项技术逐渐被应用于工业环境中。现在,WLAN 越来越多地成为传统有线网络的一种补充,典型的应用是在生产物流的移动终端上操作和监控生产线或提供在线数据的快速交换,例如预定数据可以从监控中心直接送到仓库的铲车上。

现在已有不少工业级的 WLAN 设备面市,它们都基于 IEEE 802.11b/g/a/h 协议,可以提供约 100Mbit/s 的数据传输速率。传输距离方面,如果在 5GHz 频率下使用合适的天线,可以达到 20km。将来,扩展的协议 IEEE 802.11 将进一步规范 WLAN 在工业环境中的标准。新的标准实行后,数据通信将更可靠,速率也将更高,即使是在无线电通信条件很差的环境中,也可达到 640Mbit/s。

工业环境下的无线网络也会根据 WLAN 的应用有具体的区分,例如,应用在距离 70km 之上的数据传输 WiMAX(IEEE 802.16)或应用于近距离传输的 Bluetooth(IEEE 802.15.1)和 Zigbee(IEEE 802.15.4)。Zigbee 非常有意思,其具有低功率的消耗,非常适合传感器间的无线通信。但是这项技术在工业环境中的广泛应用可能还需要几年时间。

## 项目实施步骤

### 1. 实施要求

1)理解工业控制的发展过程。
2)理解现场总线的优点和缺点。
3)理解工业以太网的优点和缺点。

**2. 实施步骤**

1)网上搜索现场总线的应用案例,理解案例的应用背景及其优势。

2)网上搜索工业以太网的应用案例,理解案例的应用背景及其优势。

### 思考题

1. 现场总线有什么优点和缺点?
2. 工业以太网有什么特点?
3. 工业以太网与以太网有什么区别?
4. 工业控制网络有哪几个发展趋势?

# 项目 2

# 认识工业控制网络体系结构

📋 **项目要求及目标**

1. 了解工业控制网络通信的基本知识。
2. 掌握工业控制网络的结构与控制方法。
3. 了解控制网络的通信协议。

 **相关理论知识**

## 2.1 工业控制网络通信知识

工业控制网络的通信包括计算机（工作站）之间的通信、计算机与 PLC 等智能控制器之间的通信、人机界面（HMI）与智能设备之间的通信等。这些设备可以组成工业控制网络，构成集中管理的分布式控制系统。

**1. 数据通信**

数据通信是指依据通信协议，利用数据传输技术在两个功能单元之间传递数据。一般情况下所说的数据通信是指计算机技术与通信技术相结合的通信方式。工业控制网络中的现场设备大多采用微型计算机，因此工业控制网络属于一种特殊类型的计算机网络。

数据通信系统一般由信息源与信宿、发送设备、传输介质和接收设备几部分组成。数据通信系统点对点的模型如图 2-1 所示。

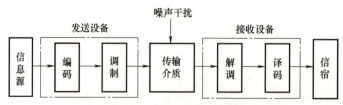

图 2-1 数据通信系统点对点的模型

信息源与信宿：是信息的产生者和使用者。数据通信系统中传输的信息是数据，是数字化的信息。这些信息可能是原始数据，也可能是经计算机处理后的结果，还可能是某些指令或标志。

发送设备：基本功能是将信息源和传输介质匹配起来，即将信息源产生的消息信号经过编码变换为便于传送的信号形式，并送往传输介质。

传输介质：指发送设备到接收设备之间信号传递所经的媒介。它可以是无线的，也可以是有线的，如电磁波、红外线为无线传输介质，各种电缆、光缆、双绞线等是有线传输介质。

接收设备：基本功能是完成发送设备的反变换，即进行解调、译码、解密等。它的任务是从带有干扰的信号中正确恢复出原始信息。对于多路复用信号，还包括解除多路复用，实现正确分路。

**2. 数据传输方式**

数据传输方式是指数据在信道上传送所采取的方式。如按数据代码传输的顺序可以分为并行传输和串行传输；如按数据传输的流向和时间关系可分为单工、半双工和全双工数据传输；如按数据传输的同步方式可分为同步传输和异步传输。

（1）并行传输和串行传输

并行传输也称并行通信，是指数据的各个位同时传送，可以字或字节为单位并行进行。并行传输的优点是速度快，但用的通信线多、成本高，故不宜进行远距离通信。计算机或PLC各种内部总线就是以并行方式传送数据的。另外，在PLC、工控机等智能控制器的底板上，各种模块之间通过底板总线交换数据也以并行方式进行。

串行传输也称串行通信，是指使用一条数据线，将数据一位一位地依次传输，每一位数据占据一个固定的时间长度。其只需要少数几条线就可以在系统间交换信息，特别适用于计算机与计算机、计算机与外设之间的远距离通信。

工业以太网中设备（例如终端、计算机和外部设备）之间的通信都采用串行传输。数据传输通常是靠电缆或信道上的电流或电压变化实现的。

（2）单工、半双工和全双工数据传输

单工传输只支持数据在一个方向上传输，又称为单向传输。如无线电广播和电视广播都是单工传输。

半双工传输允许数据在两个方向上传输，但在同一时刻，只允许数据在一个方向上传输，它实际上是一种可切换方向的单工传输。即通信双方都可以发送信息，但不能双方同时发送（当然也不能同时接收）。这种方式一般用于计算机网络的非主干线路中。

全双工传输允许数据同时在两个方向上传输，又称为双向同时传输，即通信的双方可以同时发送和接收数据。如现代电话通信提供了全双工传输。这种传输方式主要用于计算机与计算机之间的通信。

（3）同步传输和异步传输

同步传输是位（码元）同步传输方式。该方式必须以固定时钟节拍来发送数据信号，在串行数据码流中，各字符之间的相对位置都是固定的，因此不必对每个字符加"起始"信号和"停止"信号，只需在一串字符流前面加个起始字符，后面加一个终止字符，表示字符流的开始和结束。同步传输有两种同步方式：字符同步和帧同步。同步传输一般采用帧同步。接收端要从收到的数据码流中正确区分发送的字符，必须建立位定时同步和帧同步。位定时同步的作用是使接收端的位定时时钟信号和收到的输入信号同步,以便从接收的信息流中正确识别一个个信号码元,产生接收数据序列。同步传输与异步传输相比,在技术上要复杂(因为要实现位定时同步和帧同步),但它不需要对每一个字符单独加起、止码元作为识别字符的标志,只是在一串字符的前后加上标志序列,因此传输效率较高,通常用于电路板元器件之间的传输数据,传输速率快,但距离短。

异步传输是字符同步传输的方式。当发送一个字符代码时,字符前面要加一个"起始"信号,长度为1个码元宽,极性为"0",即空号极性;而在发送完一个字符后面加一个"停止"信号,长度为1、1.5(国际2号代码时用)或2个码元宽,极性为"1",即传号极性。接收端通过检测起始、停止信号,即可区分出所传输的字符。字符可以连续发送,也可单独发送,不发送字符时,连续发送停止信号。每一个字符起始时刻可以是任意的,一个字符内码元长度是相等的,接收端通过停止信号到起始信号的跳变("1""0")来检测一个新字符的开始。该方式简单,收、发双方时钟信号不需要精确同步。缺点是增加起、止信号,效率低,使用于低速数据传输中。

**3. 数据通信系统的性能指标**

数据通信系统的目的是传递信息,衡量一个数据通信系统好坏的性能指标主要有误码率、数据传输速率、协议效率和传输迟延。

(1) 误码率

误码率是指二进制数据被错误传输的概率。这是衡量一个数据通信系统传输可靠性的指标。当所传输的二进制数据序列趋于无限长时,误码率等于被错误传输的二进制数据位数与所传输的二进制数据总位数之比。

(2) 数据传输速率

数据传输速率是指单位时间内传送二进制数据的位数,单位是比特/秒或位/秒,记为 bit/s。工业控制网络中常用的数据传输速率有 9600bit/s、31.25kbit/s、500kbit/s、1Mbit/s、2.5Mbit/s、10Mbit/s 和 100Mbit/s 等。

(3) 协议效率

协议效率是指所传数据包中,有效二进制数据位数与所传输的二进制数据总位数之比。这是一个衡量数据通信系统传输有效性的指标。从提高协议效率的角度来看,通信协议越简单,协议效率越好,但简单的通信协议可能无法满足数据通信的可靠性要求。为了提高数据通信系统的可靠性,降低误码率,就需要采取特定的差错控制措施,这样数据通信的协议效率就会降低。可见,数据通信系统的可靠性和有效性两者之间是相互联系、相互制约的。从提高协议效率的角度来看,通信协议越简单,协议效率越好,但简单的通信协议可能无法满足数据通信的可靠性要求。为了提高数据通信系统的可靠性,降低误码率,就需要采取特定的差错控制措施,这样数据通信的协议效率就会降低。可见,数据通信系统的可靠性和有效性两者之间是相互联系、相互制约的。

(4) 传输迟延

数据从链路或网段的发送端传送到接收端所需要的时间,也称为传输时间。传输时间与传输速率、协议效率、传输路径(或者网络结构)等多个因素有关。

**4. 数据编码技术**

数据编码技术包括信源编码和信号编码。在数据通信系统的信息源中将原始的信息转换成用代码表示的数据的过程称为信源编码，如 BCD 码、ASCII 码、汉字区位码等。信号编码又叫信道编码，是将数据由信源编码变换到某种适合于信道传输的信号形式的过程。

（1）数字数据的模拟信号编码

公用电话网是典型的模拟通信信道，无法直接传输数字信号，但可以通过调制和解调传送数字信号。调制时通常采用正（余）弦信号作为载波，根据所控制的载波参数的不同，主要有 3 种方式，分别是幅移键控法（ASK）、频移键控法（FSK）和相移键控法（PSK），如图 2-2 所示。

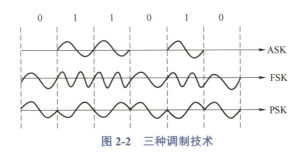

图 2-2　三种调制技术

1）幅移键控法（ASK）：在 ASK 方式下，频率和相位不变，幅值定义为数字的数据变量，用载波的幅值表示二进制的两种状态，该方法是一种低效的调制方法。

2）频移键控法（FSK）：在 FSK 方式下，幅值和相位不变，频率受数字信号的控制，用载波频率附近的两种频率来表示二进制的两种状态。

3）相移键控法（PSK）：在 PSK 方式下，幅值和频率不变，相位受数字信号的控制，用载波信号的相位移表示数据。PSK 可使用二相或多于二相的相移，可对传输速率起到加倍的作用。

（2）数字数据的数字信号编码

采用高低电平的矩形脉冲来表示 0 和 1 两个二进制数的方法，称为数字数据的数字信号编码。数字信号编码方法很多，例如，信号电平有正负两种极性的称为双极性码，与之对应，信号电平只有一种极性的称为单极性码；信号电平在每一位二进制数传输之后均返回 2 电平的称为归零码，与之对应的，信号电平在每一位二进制数传输时间内都保持的称为不归零码（NRZ）。实际传输过程往往采用以上几种方式的结合，如图 2-3 所示。

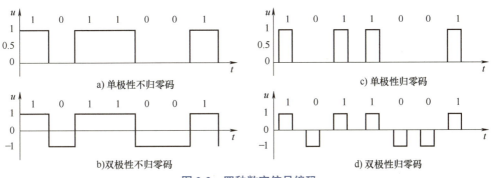

图 2-3　四种数字信号编码

单极性不归零码：只用一个极性的电压脉冲，即有电压脉冲表示"1"，无电压脉冲表示"0"，图 2-3a 所示。因为在表示一个二进制数时，电压均无须回归零，所以称为不归零码。单极性不归零码是采用最普遍的信号编码方法，能够比较有效地利用信道的带宽。

双极性不归零码：采用两种极性的电压脉冲，一种极性的电压脉冲表示"1"，另一极性电脉冲表示"0"，如图 2-3b 所示。

单极性归零码：只用一个极性的电压脉冲，但"1"码持续时间短于一个二进制数的宽度，即发出一个窄脉冲；无电压脉冲表示"0"，如图 2-3c 所示。

双极性归零码：采用两种极性的电压脉冲，"1"码发正的脉冲，"0"码发负的脉冲，如图 2-3d 所示。双极性归零码主要用于低速传输，其优点是比较可靠。

**5. 传输差错控制**

在数据通信过程中，信宿接收到的数据可能与信息源发送的数据不一致，这一现象就是传输差错。差错的产生是不可避免的，差错控制就是要在数据通信过程中发现并纠正差错，将差错控制在尽可能小的范围内，保证数据通信的正常进行。

差错控制的主要目的是减少通信信道的传输差错，目前还不能做到检测和校正所有错误。差错控制的方法是对发送的信息进行控制编码，即对需要发送的信息位按照某种规则附加上一定的冗余位，构成一个码字后再发送，而在接收端要对接收到的码字检查信息位和附加冗余位之间的关系，以确定信息位是否存在传输差错。

差错控制编码可分为检错码和纠错码，检错码是能自动发现差错的编码，纠错码是不仅能自动发现差错而且能自动纠正差错的编码。目前可用的差错控制编码方法有很多，常用的有奇偶校验码、校验和、循环冗余校验码 3 种，它们一般只用于检出差错。

（1）奇偶校验码

奇偶校验码是一种最简单也最基本的检错码，通过增加冗余位得到码字中 1 的个数为奇（或偶）数，是能力很有限的检错码。这种编码如果是在一维空间上进行，则是简单的"纵向奇偶校验码"或"横向奇偶校验码"。如果是在二维空间上进行，则是"纵横奇偶校验码"。

纵向奇偶校验码：一维奇偶校验码的编码规则是把信息位的二进制数先纵向分组，在每组最后加一位校验二进制数，使该码中 1 的数目为奇数或偶数，当为奇数时称为奇校验码，为偶数时称为偶校验码，编码方式如图 2-4 所示。

纵向偶校验：$r_i = I_{1i} \oplus I_{2i} \oplus \cdots \oplus I_{pi}$（$i=1, 2, 3, \cdots, q$；$\oplus$ 为异或运算）

纵向奇校验：$r_i = I_{1i} \oplus I_{2i} \oplus \cdots \oplus I_{pi} \oplus 1$（$i=1, 2, 3, \cdots, q$；$\oplus$ 为异或运算）

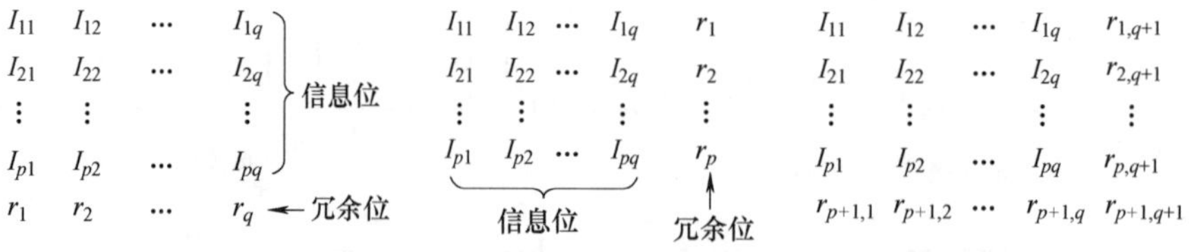

图 2-4 奇偶校验码编码方式

纵横奇偶校验码：是纵向和横向奇偶校验的综合，即对信息码中的每个字符做纵向（或横向）校验，然后再对信息码中的每个字符做横向（纵向）校验，编码方式如图 2-4c 所示。

纵横偶校验：$r_i = I_{1i} \oplus I_{2i} \oplus \cdots \oplus I_{pi}$（$i=1,2,3,\cdots,q$；$\oplus$ 为异或运算）

纵横奇校验：$r_i = I_{1i} \oplus I_{2i} \oplus \cdots \oplus I_{pi} \oplus 1$（$i=1,2,3,\cdots,q$；$\oplus$ 为异或运算）

纵向奇偶校验和横向奇偶校验的方法简单，它们可以检测出所有单比特错误。但是也有可能漏掉许多错误。如果单位数据域中出现错误的比特数是偶数，在奇偶校验中则会判断传输过程没有错误，只有当出错的次数是奇数时，它才能检测出多比特错误和突发错误。纵横奇偶校验能发现某一行或者某一列上的奇数个错误，具有较强的检错能力。

（2）校验和

校验和是指将传输数据累加，当传输结束时，接收者可以根据这个数值判断是否接到了所有的数据。如果数值匹配，那么说明传送已经完成。这种方法简单，又能检测出连续多位二进制数出错的情况。

校验和能够有效地检测出单段数据中的连续多位二进制数错误，但对于分布在多段数据中的二进制数错误有可能无法检测出，如某段数据由于出错其值增 1，而另一段数据由于出错，值又减 1，导致累加结果不变的情况。因此，校验和虽然简单、有效，在计算机网络中常被用作检错技术，但有时为了提高传输网络的检错能力，需要和其他检错技术一起使用。

（3）循环冗余校验码

循环冗余校验码（Cyclic Redundancy Check，CRC）的原理是在发送端和接收端共同约定一个多项式 $G(x)$，将要发送的数据帧 $K(x)$ 除以 $G(x)$（注意：这里不是直接采用二进制除法，而是采用一种"模 2 除法"，实质上是异或运算），将除法运算的余数作为校验码，附加到数据帧后面生成一个新的数据帧发送给接收端。到达接收端后，再把接收到的数据帧 $T(x)$ 除以 $G(x)$（注意：这里的除法是"模 2 除法"）。如果余数为零，则表明该帧数据传输正确，否则，表明该帧在传输过程中出现了差错。

CRC 是目前在数据通信和计算机网络中应用最广泛的一种校验编码方法，其漏检率要比奇偶校验码低得多。CRC 的前提是以二进制多项式表示数据。一个二进制数可以用系数为 0 或 1 的一个多项式来表示，例如，1011011 对应的多项式为 $x^6+x^4+x^3+x+1$，而多项式 $x^6+x^4+x^3+x+1$ 对应的二进制信息为 1011011。$k$ 位要发送的数据帧可对应一个 $k-1$ 次项式 $K(x)$，$r$ 位冗余校验码则对应于一个 $r-1$ 次多项式 $R(x)$，由 $k$ 位数据帧后面加上 $r$ 位校验码组成的 $n=k+r$ 位发送码则对应于一个 $n-1$ 次多项式 $T(x) = x^r \cdot K(x) + R(x)$。

CRC 校验码计算示例：现假设选择的 CRC 生成多项式为 $G(x) = X^4 + X^3 + 1$，要求计算出二进制序列 10110011 的 CRC 校验码。下面是具体的计算过程：

第一步：将多项式转化为二进制序列，由 $G(x) = X^4 + X^3 + 1$ 可知二进制数有 5 位，第 4 位、第 3 位和第 0 位分别为 1，则序列为 11001。

第二步：多项式的位数为 5，则在数据帧的后面加上 4 位 0，数据帧变为 101100110000，然后使用模 2 除法除以除数 11001，得到余数，也就是校验码 0100。计算过程如图 2-5 所示。

第三步：将计算出来的 CRC 校验码添加在原始帧的后面，真正的数据帧为 101100110100，再把这个数据帧发送到接收端。

第四步：接收端收到数据帧后，用上面选定的除数，用模 2 除法验证余数是否为 0，如果为 0，则说明数据帧没有出错。计算过程如图 2-6 所示。

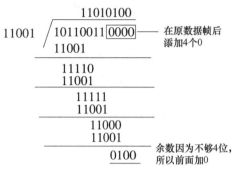

图 2-5　发送端校验码计算过程

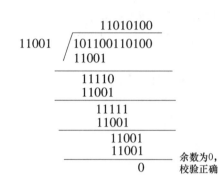

图 2-6　接收端校验码计算过程

CRC 多项式常用的国际标准如下：

CRC8：多项式是 $X^8+X^5+X^4+1$，对应的数字是 0x131，左移 8 位。

CRC12：多项式是 $X^{12}+X^{11}+X^3+X^2+1$，对应的数字是 0x180D，左移 12 位。

CCITT CRC16：多项式是 $X^{16}+X^{12}+X^5+1$，对应的数字是 0x11021，左移 16 位。

ANSI CRC16：多项式是 $X^{16}+X^{15}+X^2+1$，对应的数字是 0x18005，左移 16 位。

CRC32：多项式是 $X^{32}+X^{26}+X^{23}+X^{22}+X^{16}+X^{12}+X^{11}+X^{10}+X^8+X^7+X^5+X^4+X^2+X^1+1$，对应数字是 0x104C11DB7，左移 32 位。

## 2.2　工业控制网络的组成与体系结构

### 1. 工业控制网络的硬件构成

工业控制网络的硬件包括总线电缆和总线设备。

（1）总线电缆

总线电缆又称为通信线、通信介质（媒体／媒介／介体）。网络中常用的通信介质包括有线介质（双绞线、同轴电缆和光纤）和无线介质。

双绞线是现在最普通的传输介质，由两条相互绝缘的铜线组成，典型直径为 1mm。两根线绞接在一起是为了防止其电磁感应在邻近线对中产生干扰信号。外面再用塑料管套起来。常用的网线就是双绞线，一般由 4 对双绞线组成。

双绞线又分为非屏蔽双绞线和屏蔽双绞线。非屏蔽双绞线就是双绞线外面无屏蔽层，一般最长 100m，有较好的性价比，被广泛使用，分为 1，2，3，4，5，超 5 类。3 类用于 10Mbit/s 的传输；5 类 100Mbit/s 以上的网连接。屏蔽双绞线外面具有一个金属甲套，一般由 2 对双绞线组成，最长十几千米，抗干扰性好，性能高，但因成本高，没有被广泛使用，对电磁干扰具有较强的抵抗能力，适用于网络流量较大的高速网络协议。屏蔽双绞线可分为 6 类、7 类双绞线，分别工作于 200MHz 和 600MHz 的频率带宽之上，且采用特殊设计的 RJ45 插头（座）。

同轴电缆由同轴的内外两条导线构成，内导线是一根金属线，外导线是一条网状空心圆柱导体，内外导线有一层绝缘材料，最外层是保护性塑料外套。金属屏蔽层能将磁场反射回中心导体，同时也使中心导体免受外界干扰，故同轴电缆比双绞线具有更高的带宽和更好的噪声抑制特性。同轴电缆分为两种，一种为 50Ω（指沿电缆导体各点的电磁电压对电流之比）同轴电缆，用于数字信号的传输，即基带同轴电缆；另一种为 75Ω 同轴电缆，用于宽带模拟信号的传输，即宽带同轴电缆，但需要安装附加信号，安装困难，适用于长途电话网、电视系统、宽带计算机网。

光纤是软而细的，利用内部全反射原理来传导光束的传输介质，有单模和多模之分。单模光纤多用于通信业。多模光纤多用于网络布线系统。光纤为圆柱状，由 3 个同心部分组成，即纤芯、包层和护套，每一路光纤包括两根，一根接收，一根发送。与同轴电缆比较，光纤可提供极宽的频带且功率损耗小、传输距离长（2km 以上）、传输率高（可达数千 Mbit/s）、抗干扰性强（不会受到电子监听），是构建安全性网络的理想选择。

无线介质是在自由空间传播的电磁波或光波，不同于有线信道，不用电缆铜线或光纤连接。无线电波根据波段分为微波、红外线、激光等。

（2）总线设备

总线设备指连接在通信线上的设备，亦称为总线装置、节点（主节点从节点）、站。它主要包括网络接口卡、中继器、集线器、网桥、交换机、路由器和网关。

网络接口卡：又称为网卡或网络适配器，工作在 OSI 的物理层和数据链路层（网卡驱动），也就是 TCP/IP 的网络接口层，负责将用户要传递的数据转换为网络上其他设备能够识别的格式，通过网络传输介质传输。除了计算机局域网的网卡，在工业控制领域还有针对 Profibus、FF 等总线通信的网卡。

中继器：工作在 OSI 的物理层，是网络的连接设备。由于传输过程中存在损耗，在线路上传输的信号功率会逐渐衰减，衰减到一定程度时将造成信号失真，因此会导致接收错误。中继器就是为解决这一问题而设计的，主要完成信号的复制、调整和放大，以此来延长网络的长度，例如常用的 RS485 中继器。

集线器：工作在 OSI 的物理层，主要功能是对接收到的信号进行再生、整形和放大，以扩大网络的传输距离。可以说集线器是中继器的一种，其区别仅在于集线器能够提供更多的端口，可以同时把更多的节点连接在一起构成网络。

网桥：工作在 OSI 的第二层，也就是数据链路层，用于连接局域网中的两个子网段或者两个局域网，以提供两端的透明通信。它根据连接的两端通信速率、数据帧的大小以及格式对数据帧进行存储、格式转换，并保证两端通信速率的衔接。

交换机：普通交换机与网桥类似，工作在 OSI 的数据链路层，都是基于数据帧地址进行路由，能完成封装、转发数据包功能的设备。交换机一直是网络技术发展的前沿技术，它实质上是多端口并行网桥技术的产品体现。目前，工作在 OSI 网络层的交换机已经问世，也称为三层交换机，其兼有交换机和路由器的功能，适用于大型局域网内的数据路由与交换。

路由器：工作在 OSI 的网络层，利用网络地址来区别不同的网络，实现网络的互连和隔离，保持各个网络的独立性。路由器的核心任务就是寻址和转发。寻址即根据路由表记录信息判断源节点到目的节点的最佳路径；转发就是选择路由转发协议，通过最佳路径将数据报文送到相应的通信端口。

网关又称网间连接器、协议转换器，网关的作用与路由器类似，但工作在 OSI 的不同层次。路由器工作在 OSI 的网络层，而网关工作在 OSI 的传输层，是最复杂的网络互连设备，既可以用于广域网互连，也可以用于局域网互连。网关在传输层上实现不同网段的互连，所以同一网段中的主机互访不需要网关，只有不同网段的主机互访时才需要网关。比如 IP 地址为 192.168.31.9（子网掩码：255.255.255.0）和 192.168.7.13（子网掩码：255.255.255.0）的两个主机不是同一网段，想要进行互访就得需要网关。

**2. 工业控制网络的软件**

工业控制网络的软件分为系统平台软件和系统应用软件。

（1）系统平台软件

系统平台软件是系统构建、运行以及为系统应用软件编程而提供环境、条件或工具的基础软件，包括组态工具软件、组态通信软件、监控组态软件和设备编程软件。

1）组态工具软件：为用计算机进行设备配置、网络组态提供平台并按现场总线协议/规范（Protocol/Specification）与组态通信软件交换信息的工具软件，如 RSNetWork for DeviceNet、ControlNet、EtherNet/IP。

2）组态通信软件：为计算机与总线设备进行通信，读取总线设备参数或将总线设备配置、网络组态信息传送至总线设备而使用的软件，如 RSLinx。

3）监控组态软件：运行于监控计算机（通常也称为上位机）上的软件，具有实时显示现场设备运行状态参数、故障报警信息，并进行数据记录、趋势图分析及报表打印等功能。监控组态软件可使用户通过简单形象的组态工作即可实现系统的监控功能。监控组态软件亦称上位机监控组态软件，如 RSView32。

4）设备编程软件：为系统应用软件提供编程环境的平台软件。当设备为控制器/PLC 时，设备编程软件即为控制器编程软件，如 RSLogix500（用于 SLC500 系列和 ML 系列控制器的 32 位基于 Windows 的梯形图逻辑编程软件）、RSLogix5000〔用于 Logix 平台所包括的各种控制器（如 Control LogixTM）的编程软件〕。

（2）系统应用软件

系统应用软件是为实现系统以及设备的各种功能而编写的软件，包括系统用户程序软件、设备接口通信软件和设备功能软件。

1）系统用户程序软件：根据系统的工艺流程或功能及其他要求而编写的系统级的用户应用程序。该程序一般运行于作为主站的控制器或计算机中。

2）设备接口通信软件：根据现场总线协议/规范而编写的用于总线设备之间通过总线电缆进行通信的软件。

3）设备功能软件：使总线设备实现自身功能（不包括现场总线通信部分）的软件。

**3. 网络的拓扑结构**

网络拓扑结构是指用数据传输介质将各种设备连接在一起的物理布局。网络中的计算机等设备要实现互连，就需要以一定的结构方式进行连接，这种连接方式就叫作"拓扑结构"。常见的网络拓扑结构主要有星形拓扑、总线形拓扑、环形拓扑、树形拓扑。

（1）星形拓扑

星形拓扑是以中央节点为中心与其他各节点连接组成，各节点与中央节点通过点到点的方式连接，如图 2-7 所示。中央节点采用集中式通信控制策略，任何两个节点要进行通信都必须经过中央节点控制。

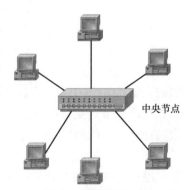

图 2-7 星形拓扑结构

星形拓扑的优点是结构简单、便于管理、集中控制,故障诊断和隔离容易。它的缺点是共享能力较差、中央节点负担过重、网络可靠性低,一旦中央节点出现故障,则会导致全网瘫痪。

(2)总线形拓扑

用一条称为总线的公共传输介质将节点连接起来的布局方式称为总线形拓扑结构,如图 2-8 所示。总线形拓扑是工业控制网络数据通信中应用最为广泛的一种网络拓扑形式。

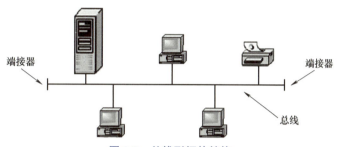

图 2-8 总线形拓扑结构

在总线形拓扑结构中,任何一个节点的信息都可以沿着总线向两个方向传输扩散,并且能被总线中任何一个节点接收。由于其信息向四周传播,类似于广播电台,故总线形网络也被称为广播式网络。

信号在到达总线的端点时会发生反射,反射回来的信号又传输到总线的另一端,这种情况将阻止其他计算机发射信号。为了防止总线端点的反射,须设置端接器,即在总线的两端安装吸收到达端点的信号的元件。

总线形拓扑结构的优点是结构简单、便于扩充、可靠性高、响应速度快、需要的设备和电缆数量少;缺点是所有节点都要采用共享传输介质,存在多节点争用总线的问题。

(3)环形拓扑

环形拓扑结构是由节点和连接节点的链路组成的一个闭合环,数据在环形网络中单向传输,如图 2-9 所示。由于各节点共享环路,因此需要采取措施来协调控制各节点的发送。

环形网络的优点是两个节点间仅有唯一的通路,大大简化了路径选择的控制;某个节点发生故障时,可以自动旁路,可靠性较高;当网络确定时,其延时固定,实时性强。它的缺点是由于信息串行穿过多个节点环路接口,当节点过多时,会影响传输效率,使得网络响应时间变长;而且节点故障会引起全网故障,故障检测困难,扩充不方便。

图 2-9 环形拓扑结构

(4)树形拓扑

树形拓扑结构的形状像一棵倒置的树,顶端是树根,树根以下带分支,每个分支还可再带分支,如图 2-10 所示,各节点按层次进行连接,信息交换主要在上下节点之间进行,相邻及同层节点之间一般不进行数据交换或数据交换量较少。树形网络是一种分层网，一般一个分支和节点的故障不会影响另一分支和节点的工作，任何一个节点送出的信息都可以传遍整个网络站点，是一种广播式网络。一般树形网络的链路相对具有一定的专用性，无须对原网做任何改动就可以扩充节点。

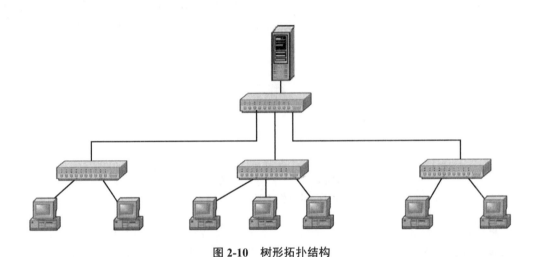

图 2-10 树形拓扑结构

树形拓扑结构的优点是易于扩展，故障隔离较容易，如果某分支的节点或线路发生故障，很容易将故障分支与整个系统隔离开来。它的缺点是各个节点对根节点的依赖性大，如果根节点发生故障，则全网不能正常工作。

**4. 网络传输介质的访问控制方式**

如前所述，在总线形和环形拓扑中，设备必须共享网络传输介质。为解决在同一时间有几个设备同时争用传输介质，需有某种介质访问控制方式，以便协调各设备访问介质的顺序。

通信中对介质的访问可以是随机的，即各个节点可在任何时刻、任意地点访问介质；也可以是受控的，即各个节点可用一定的算法调整各站访问介质的顺序和时间。在随机访问方式中，常用的争用总线技术为载波监听多路访问/冲突检测；在控制访问方式中则常用令牌环、令牌总线、时分复用、轮询等方式。

（1）载波监听多路访问/冲突检测

载波监听多路访问/冲突检测的协议简写为 CSMA/CD，已广泛应用于局域网中。这种控制方式对任何节点都没有预约发送时间，节点发送数据是随机的，必须在网络上争用传输介质，故称为争用技术。若同一时刻有多个节点向传输线路发送信息，则这些信息会在传输线上相互混淆而遭破坏，称为"冲突"。为尽量避免由于竞争引起的冲突，每个节点在发送信息之前都要监听传输线上是否有信息在发送，这就是"载波监听"。

载波监听 CSMA 的控制方案是先听再讲。一个站要发送信息，首先需监听总线，以决定介质上是否存在其他站的发送信号，如果介质是空闲的，则可以发送；如果介质是忙的，则等待一定间隔后重试。当进入监听总线状态后，可采用以下 3 种 CSMA 坚持退避算法。

1）不坚持 CSMA：如果传输介质是空闲的，则发送；如果传输介质是忙的，则等待一段随机时间后重新监听传输介质。

2）坚持 CSMA：如果传输介质是空闲的，则发送；如果传输介质是忙的，继续监听，直到传输介质空闲立即发送；如果冲突发生，则等待一段随机时间后重新监听传输介质。

3）P-坚持 CSMA：如果介质是空闲的，则以 $P$ 的概率发送，或以 $(1-P)$ 的概率延迟一个时间单位后重复处理，该时间单位等于最大的传输延迟；如果介质是忙的，继续监听，直到介质空闲，然后以 $P$ 的概率发送，或以 $(1-P)$ 的概率延迟一个时间单位后重复处理。

由于传输线上不可避免地有传输延迟，有可能多个站同时监听到线上空闲并开始发送而导致冲突。故每个节点发送信息之后，还要继续监听线路，判定是否有其他站正与本站发送信息，一旦发现，便中止当前发送，这就是"冲突检测"。

（2）令牌访问控制方式

载波监听访问存在介质访问冲突问题，产生冲突的原因是由于各站点发送数据是随机的。为了解决冲突问题，可采用有控制的发送数据方式。令牌方式是一种按一定顺序在各站点传递令牌（Token）的方法，谁得到令牌，谁才有介质访问权。令牌访问原理可用于环形网，构成令牌环网；也可用于总线形网，构成令牌总线网。

1）令牌环方式：令牌环是环形拓扑结构网络中采用的一种访问控制方式。由于在环形结构网络上某一瞬间可以允许发送报文的站点只有一个，令牌在网络环路上不断地传送，只有拥有此令牌的站点才有权向环路上发送报文，而其他站点仅允许接收报文。站点在发送完毕后，便将令牌交给下一个站点，如果该站点没有报文需要发送，便把令牌顺次传给下一个站点。因此，表示发送权的令牌在环形信道上不断循环。环上每个相应站点都可获得发报权，而任何时刻只会有一个站点利用环路传送报文，因而在环路上保证不会发生访问冲突。

2）令牌传递总线方式：令牌传递总线是总线形拓扑结构网络中采用的一种介质访问控制方式。这种方式和令牌环不同的是网上各节点按一定顺序形成一个逻辑环，每个节点在逻辑环中均有一个指定的逻辑位置，末站的后站就是首站，即首尾相连。每站都了解先行站和后继站的地址，总线上各站的物理位置与逻辑位置无关。

（3）时分复用

时分复用是指为共享介质的每个节点预先分配好一段特定的占用总线的时间。各个节点按分配的时间段及先后顺序占用总线。比如让节点 A、B、C、D 分别按 1、2、3、4 的顺序循环并等长时间占用总线，就是一种多路时分复用的工作方式。

如果事先可以预计好每个节点占用总线的先后顺序、需要通信的时间长短或要传送的报文字节数量，则可以准确估算出每个节点占用总线之前等待的时间。这对控制网络中实现时间的确定性是有益的。

时分复用又分为同步时分复用和异步时分复用两种。这里的同步与异步在意义上与位同步、帧同步中的同步概念不同。同步时分复用指为每个节点分配相等的时间，而不管每个设备要通信的数据量的大小。每当分配给某个节点的时间片到来时，该节点就可以发送数据，如果此时该节点没有数据发送，传输介质在该段时间片内就是空的，这意味着同步时分复用的平均分配策略有可能造成通信资源的浪费，不能有效利用链路的全部容量。

时分复用还可以按交织方式组织数据的发送。由一个复用器作为快速转换开关。当开关转向某个设备时，该节点便有机会向网络发送规定数量的数据。复用器以固定的转动速率和顺序在各网络节点间循环运转的过程称为交织，可以以位、字节或其他数据单元进行，交织单元的大小一般相同。比如有 16 个节点，以每个节点每次一个字节进行交织，则可在 32 个时间片内让每个节点发送 2 字节。

异步时分复用为各个节点分配的向网络发送数据的时间片长不一样。在控制网络中，各节点数据信号的传输速率一般相同，按固定方式给数据传输量大的节点分配较长的时间，而给数据传输量小的节点分配较短的时间，可以避免浪费。控制网络中常见的主从通信就是时分复用的一种形式，只是各从节点向总线发送数据的时刻和时间片长度全由主节点控制。

异步时分复用还可采用变长时间片的方式来实现，根据给定时间片内可能发送的通信量分配给定时间。这种方法动态地分配时间片，按动态方式有弹性地管理变长域，可以大大减少信道资源的浪费，在语音通信系统中应用广泛。

（4）轮询

在轮询协议中，一个主节点作为主机来周期性地轮询各个从节点，各个从节点的信息只能发送给主机，每个通信周期各个从节点至少被轮询一次。轮询过程占用了带宽，增加了网络负担。若主机发生故障，所有从站就不能继续工作，导致整个网络瘫痪。所以有时需要设置多个主节点来提高系统的可靠性。

轮询式介质访问控制是主从通信结构，因其简单和实时性等特点而被应用于工业控制网络中。

## 项目实施步骤

### 1. 实施要求
（1）了解数字通信的基本知识。
（2）理解工业控制网络的构成及各种体系结构。
（3）理解工业控制网络的各种软件及其作用。

### 2. 实施步骤
（1）网上搜索各种工业控制网络的体系结构，理解各种控制网络的区别。
（2）网上搜索各种工业控制软件的应用，理解各种控制软件的应用背景及作用。

## 思考题

1. 工业控制网络由哪些硬件构成？
2. 工业控制网络的软件包括哪几种软件？
3. 各种工业控制网络体系结构有什么区别？各有哪些优点和缺点？

# 项目 3
# 认识组态软件

 **项目要求及目标**

1. 理解组态软件在工业控制网络中的作用。
2. 了解常用的组态软件。
3. 了解组态软件 KingSCADA 的应用。

 **相关理论知识**

## 3.1 认识组态软件

组态软件，又称组态监控系统软件（Supervisory Control And Data Acquisition，SCADA，即数据采集与监视控制），是指数据采集与过程控制的专用软件，也是指在自动控制系统监控层一级的软件平台和开发环境。这些软件实际上也是一种通过灵活的组态方式，为用户提供快速构建工业自动控制系统监控功能的通用层次的软件工具。组态软件广泛应用于机械、汽车、石油、化工、造纸、水处理以及过程控制等诸多领域。

## 3.2 组态软件的发展历史

20世纪40年代，大多数工业生产过程还处于手工操作状态，人们主要凭经验用手工方式去控制生产过程，生产过程中的关键参数靠人工观察，生产过程中的操作也靠人工去执行，劳动生产率很低。

20世纪50年代前后，一些工厂、企业的生产过程实现了仪表化和局部自动化。那时，生产过程中的关键参数普遍采用基地式仪表和部分单元组合仪表（多数为气动仪表）等进行显示。进入20世纪60年代，随着工业生产和电子技术的不断发展，人们开始大量采用气动、电动单元组合仪表甚至组装仪表，对关键参数进行指示，计算机控制系统开始应用于过程控制,实现直接数字控制和设定值控制等。

20世纪70年代,随着计算机的开发、应用和普及,对全厂或整个工艺流程的集中控制成为可能,集散型控制系统(Distributed Control System,DCS)随即问世。集散型控制系统是把自动化技术、计算机技术、通信技术、故障诊断技术、冗余技术和图形显示技术融为一体的装置。"组态"的概念就是伴随着集散型控制系统的出现走进工业自动化应用领域,并开始被广大的生产过程自动化技术人员所熟知的。

早期的组态软件大都运行在DOS环境下,其特点是具有简单的人机界面、图库和绘图工具箱等基本功能,图形界面的可视化功能不是很强大。随着微软Windows操作系统的发展和普及,Windows下的组态软件成为主流。特别是工业以太网出现后,操作员计算机、工程师计算机,以及组态软件成为一个工业以太网的标准配置。

如今,世界上有不少专业厂商生产和提供各种组态软件产品,市面上的软件产品种类繁多,各有所长,应根据实际工程需要加以选择。

## 3.3 组态软件的功能

组态软件属于工业控制网络的应用层,运行在网络中的操作员计算机或者工程师计算机上,能对整个网络的所有设备进行监控,其功能如下:

1)可以读写不同类型的PLC、仪表、智能模块和板卡,采集工业现场的各种信号,从而对工业现场进行监视和控制。

2)可以以图形和动画等直观形象的方式呈现工业现场信息,以方便对控制流程进行监视,也可以直接对控制系统发出指令、设置参数干预工业现场的控制流程。

3)可以将控制系统中的紧急工况(如报警等)通过软件界面、电子邮件、手机短信、即时消息软件、声音和计算机自动语音等多种手段及时通知给相关人员,使之及时掌控自动化系统的运行状况。

4)可以对工业现场的数据进行逻辑运算和数字运算等处理,并将结果返回给控制系统。

5)可以对从控制系统得到的以及自身产生的数据进行记录存储。在系统发生事故和故障的时候,利用记录的运行工况数据和历史数据,可以对系统故障原因等进行分析定位、责任追查等。通过对数据的质量统计分析,还可以提高自动化系统的运行效率,提升产品质量。

6)可以将工程运行的状况、实时数据、历史数据、警告和外部数据库中的数据以及统计运算结果制作成报表,供运行和管理人员参考。

7)可以提供多种手段让用户编写自己需要的特定功能,并与组态软件集成为一个整体运行。大部分组态软件通过C脚本、VBS脚本等来完成此功能。

8)可以为其他应用软件提供数据,也可以接收数据,从而将不同的系统关联整合在一起。

9)多个组态软件之间可以相互联系,提供客户端和服务器架构,通过网络实现分布式监控,从而实现复杂的大系统监控。

10)可以将控制系统中的实时信息送入管理信息系统,也可以接收来自管理系统的管理数据，根据需要干预生产现场或过程。

11）可以对工程的运行实现安全级别、用户级别的管理设置。

12）可以开发面向国际市场的，能适应多种语言界面的监控系统，实现工程在不同语言之间的自由灵活切换，是机电自动化和系统工程服务走向国际市场的有利武器。

13）可以通过因特网发布监控系统的数据，实现远程监控。

## 3.4 组态软件的特点

组态软件是随着工业控制网络的发展而发展的，其特点如下：

1）功能强大。组态软件提供丰富的编辑和作图工具，提供大量的工业设备图符、仪表图符以及趋势图、历史曲线、数据分析图等；提供十分友好的图形化用户界面（Graphics User Interface，GUI），包括一整套 Windows 风格的窗口、菜单、按钮、信息区、工具栏、滚动条等；画面丰富多彩，为设备的正常运行、操作人员的集中监控提供了极大方便；具有强大的通信功能和良好的开放性，组态软件向下可以与数据采集硬件通信，向上可与管理网络互联。

2）简单易学。使用组态软件不需要掌握太多的编程语言技术，甚至不需要编程技术，根据工程实际情况，利用其提供的底层设备（PLC、智能仪表、智能模块、板卡、变频器等）的 I/O 驱动、开放式的数据库和界面制作工具，就能完成一个具有动画效果、实时数据处理、历史数据和曲线并存、具有多媒体功能和网络功能的复杂工程。

3）扩展性好。组态软件开发的应用程序，当现场条件（包括硬件设备、系统结构等）或用户需求发生改变时，不需要太多的修改就可以方便地完成软件的更新和升级。

4）实时多任务。组态软件开发的项目中，数据采集与输出、数据处理与算法实现、图形显示及人机对话、实时数据的存储、检索管理、实时通信等多个任务可以在同一台计算机上同时运行。组态控制技术是计算机控制技术发展的结果，采用组态控制技术的计算机控制系统最大的特点是从硬件到软件开发都具有组态性，因此极大地提高了系统的可靠性和开发速率，降低了开发难度，而且其可视化、图形化的管理功能方便了生产管理与维护。

## 3.5 常用组态软件

**1. 组态王**

组态王是国内第一家较有影响的组态软件开发公司（更早的品牌多数已经湮灭）。组态王提供了资源管理器式的操作主界面，并且提供了以汉字作为关键字的脚本语言支持。组态王也提供多种硬件驱动程序。

**2. MCGS**（Monitor and Control Generated System）

MCGS 是北京昆仑通态软件公司开发的组态软件，一套基于 Windows 平台的，用于快速构造和生成上位机监控系统的组态软件系统，可运行于 Microsoft Windows 系列操作系统。

**3. InTouch**

Wonderware 的 InTouch 软件是最早进入我国的组态软件。在 20 世纪 80 年代末到 90 年代初，基于 Windows3.1 的 InTouch 软件曾让我们耳目一新，并且 InTouch 提供了丰富的图库。

**4. iFix**

Intellution 公司以 Fix 组态软件起家，1995 年被爱默生收购，现在是爱默生集团的全资子公司，Fix6.x 软件提供工控人员熟悉的概念和操作界面，并提供完备的驱动程序（需单独购买）。

Intellution 将自己最新的产品系列命名为 iFix，在 iFix 中，Intellution 提供了强大的组态功能，但新版本与以往的 6.x 版本并不完全兼容。原有的 Script 语言改为 VBA（Visual Basic For Application），并且在内部集成了微软的 VBA 开发环境。

**5. Citech**

CiT 公司的 Citech 也是较早进入中国市场的产品。Citech 具有简洁的操作方式，但其操作方式更多的是面向程序员，而不是工控用户。

Citech 提供了类似 C 语言的脚本语言进行二次开发，但与 iFix 不同的是，Citech 的脚本语言并非是面向对象的，这无疑为用户进行二次开发增加了难度。

## 3.6　组态软件的结构

组态软件的种类虽然有很多种，但由于其属于工业控制网络的应用层，运行在网络中的操作员计算机或者工程师计算机上，对整个网络的所有设备进行监控，其结构都有一些共性。

**1. 从软件的开发和工作阶段来看**

从软件的开发和工作阶段来看，组态软件是由系统开发环境和系统运行环境两大部分构成的。

1）系统开发环境：是自动化工程设计工程师为实施其控制方案，在组态软件的支持下进行应用程序的系统生成工作所必须依赖的工作环境。系统开发环境由若干个组态程序组成，如图形界面组态程序、实时数据库组态程序等。

2）系统运行环境：在系统运行环境下，目标应用程序被装入计算机内存并投入实时运行。实现系统运行环境的程序由若干个程序组成，如图形界面运行程序、实时数据库运行程序等。在跨平台应用中，运行环境可以运行于 Windows 操作系统，也可以运行于 Linux 等操作系统，还可以运行于嵌入式系统（如嵌入式 Linux、安卓系统等）。自动化工程设计工程师最先接触的一定是系统开发环境，通过反复地进行系统组态和调试，最终将目标应用程序在系统运行环境中投入实时运行，完成一个工程项目。

**2. 从软件体系的成员构成来看**

从软件体系的成员构成来看，组态软件必备的典型组件包括工程管理器、图形界面开发程序、图形界面运行程序、实时数据库组态、实时数据库系统运行程序和 I/O 驱动程序等几种。

1）工程管理器：是提供工程项目的设计组态集成环境，具有工程项目新建、工程项目管理、I/O 设备驱动设置、变量点表生成、调试与集成管理等功能。

2）图形界面开发程序：是自动化工程设计工程师为实施其控制方案，在图形编辑工具的支持下进行图形系统生成工作所依赖的开发环境。通过建立一系列用户数据文件，生成最终的图形目标应用系统，供图形界面运行程序运行。

3）图形界面运行程序：在系统运行环境下，图形目标应用系统被图形界面运行程序装入计算机内存并投入实时运行。

4）实时数据库组态：组态软件具有独立的实时数据库系统，用于提高系统的实时性，增强系统的处理能力。实时数据库组态是建立实时数据库的组态工具,可以定义实时数据库的结构、数据来源、数据链接、数据类型,及相关的各种参数。

5)实时数据库系统运行程序:在系统运行环境下,目标实时数据库及其应用系统被实时数据库系统运行程序装入计算机内存,并执行预定的各种数据计算、数据处理任务。历史数据的查询、检索、报警的管理都是在实时数据库系统运行程序中完成的。

6)I/O 驱动程序:是组态软件中必不可少的组成部分,用于和 I/O 设备通信,互相交换数据。DDE 和 OPC Client 是两个通用的标准 I/O 驱动程序,分别用来与支持 DDE 标准和 OPC 标准的 I/O 设备通信。多数组态软件的 DDE 驱动程序被整合在实时数据库系统或图形系统中,而 OPC Client 则大都单独存在。

## 3.7 组态软件的发展趋势

随着信息技术的不断发展和控制系统要求的不断提高,组态软件的发展也向着更高层次和更广范围发展,其发展趋势表现在以下 3 个方面:

**1. 集成化、定制化**

从软件规模上看,现有的大多数监控组态软件的代码规模超过 100 万行,已经不属于小型软件的范畴了。从其功能来看,数据的加工与处理、数据管理、统计分析等功能越来越强。监控组态软件作为通用软件平台,具有很大的使用灵活性,但实际上很多用户需要"傻瓜"式的应用软件,即只需要很少的定制工作量即可完成工程应用。为了既照顾"通用"又兼顾"专用",监控组态软件拓展了大量的组件,用于完成特定的功能,如批次管理、事故追忆、温控曲线、协议转发组件、ODBCRouter、ADO 曲线、专家报表、万能报表组件、事件管理、GPRS 透明传输组件等。

**2. 功能向上、向下延伸**

组态软件处于监控系统的中间位置,向上、向下均具有比较完整的接口,因此对上、下应用系统的渗透也是组态软件的一种发展趋势。向上具体表现为其管理功能日渐强大,在实时数据库及其管理系统的配合下,具有部分 MIS、MES 或调度功能,尤以报警管理与检索、历史数据检索、操作日志管理、复杂报表等功能较为常见。向下具体表现为日益具备网络管理(或节点管理)功能、软 PLC 与嵌入式控制功能,以及同时具备 OPC Server 和 OPC Client 等功能。

**3. 监控、管理范围及应用领域扩大**

只要同时涉及实时数据通信(无论是双向还是单向)、实时动态图形界面显示、必要的数据处理、历史数据存储及显示,就存在对组态软件的潜在需求。

## 3.8 组态软件 KingSCADA 简介

KingSCADA 是北京亚控科技发展有限公司开发的一种通用的工业监控软件,融过程控制设计、现场操作以及工厂资源管理于一体,将一个企业内部的各种生产系统和应用以及信息交流汇集在一起,实现最优化管理。它基于 Windows XP/Windows 7/Windows Server 2008/Windows 8 等操作系统,并支持多语言的操作系统。用户可以在企业网络的所有层次的各个位置上及时获得系统的实时信息与历史信息。采用 KingSCADA 开发工业监控系统，可以极大地增强用户生产控制能力、提高工厂的生产力和效率、提高产品的质量、减少成本及原材料的消耗。它适用于从单一设备的生产运营管理和故障诊断，到网络结构分布式大型集中监控管理系统的开发。

KingSCADA 软件结构由工程设计器、画面编辑器及运行系统三部分构成。

1）工程设计器：是一个应用开发设计工具，用于创建应用、创建监控画面、定义监控的设备、定义相关变量、命令语言以及设定运行系统配置等系统组态工具。

2）画面编辑器：在画面编辑器中用户可以绘制图形画面、设置动画链接、配置报警窗口、配置趋势曲线窗口等与图形有关的所有操作。

3）运行系统：工程运行界面，从采集设备中获得通信数据，并依据画面编辑器的动画设计显示动态画面，实现人与控制设备的交互操作。

KingSCADA3.53 集成开发环境是基于工程的应用管理模式，实现了对多个应用的集中开发和管理的功能，一个工程可以同时管理多个应用，即在 KingSCADA3.53 工程设计器中可以同时对多个应用进行开发，应用之间可以实现相互复制、粘贴等功能，大大提高了开发效率。

使用 KingSCADA3.53 开发的系统称为应用，一个完整的应用一般包含以下的部分或全部内容：IO 设备、IO 采集点、图形界面、动画链接、趋势曲线、报警和事件、历史记录、数据库、Web Server 等部分。

通常情况下，开发一个应用一般分为以下几步：

第一步：创建新应用（服务端应用），即为应用创建一个目录用来存放与应用有关的文件；

第二步：创建 IOServer 应用，即配置应用中使用的硬件设备并创建 I/O 变量；

第三步：在服务端应用中定义变量，即定义全局变量，包括内存变量和 I/O 变量；

第四步：制作图形画面，即按照实际应用的要求绘制监控画面；

第五步：定义动画链接，即根据实际现场的监控要求使静态画面随着过程控制对象产生动画效果；

第六步：编写事件脚本，即用以完成较复杂的控制过程；

第七步：配置其他辅助功能，如网络、配方、SQL 访问、Web 浏览等。

第八步：运行和调试。

完成以上步骤后，一个简单的应用就完成了。

## 项目实施步骤

**1. 实施要求**：创建一个 KingSCADA 的新应用

**2. 实施步骤**

（1）启动工程设计器

启动工程设计器可以通过以下方式：在 Windows 桌面上依次单击"开始"→"所有程序"→"KingSCADA3.53"→"KingSCADA"→"工程设计器"选项，弹出工程设计器界面，该界面与 Windows 的资源管理器很相似，操作方式也基本相同，如图 3-1 所示。

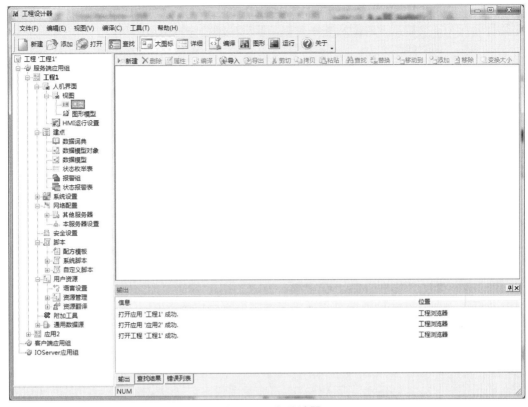

图 3-1 工程设计器

1）树型目录显示区：工程设计器界面中的目录树管理应用的基本结构，提供了对应用的各部分的访问入口。可以单击目录树中的加号，以展开树的分支结构，然后再单击减号以折叠分支。右侧的编辑区中显示了目录树中选定元素所包含的内容。

2）菜单栏、工具栏：实现某一任务提供多种途径。

3）信息显示区：包括编译信息的显示、查找信息的显示，以及操作信息的显示。

（2）创建新的应用

应用是利用工程设计器创建的。工程设计器是基于工程的应用管理模式，可以同时开发多个应用。也就是说，一个工程可以包含多个应用，每个应用的功能可以不同。

创建应用的步骤如下：

1）进入 KingSCADA3.53 工程设计器中，选择"文件"菜单中的"新建工程"命令，弹出"新建应用/工程"对话框，如图 3-2 所示。

2）对话框设置如图 3-3 所示。

应用名称：工程 1（也可以其他名称，如应用 1）。

保存路径：单击右侧"浏览"按钮设置工程要保存的路径，本书将应用路径设为 E:\（也可以选择其他目录）。

其他各项可根据需要进行设置。应用类型包括三种类型：Server（服务端应用）、Client（客户端应用）、IOServer（IOServer 应用）。至于这三种应用类型的关系，在后面的项目中慢慢说明。

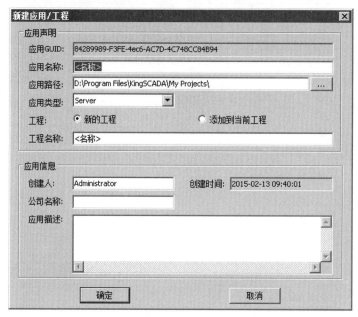

图 3-2 "新建应用/工程"对话框

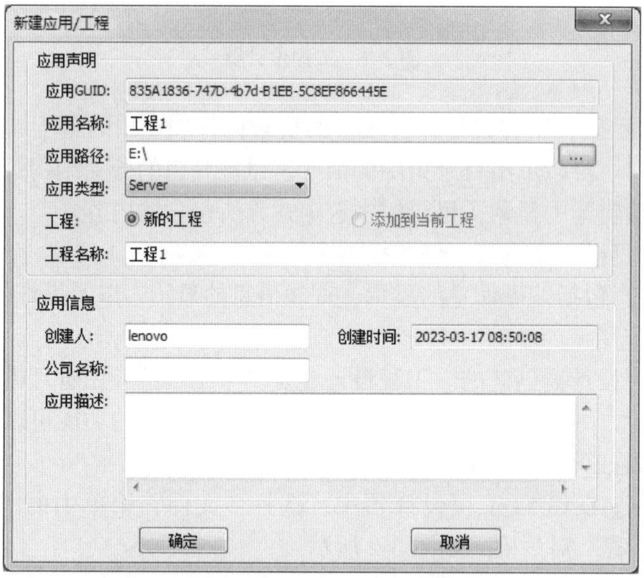

图 3-3 建立工程 1 对话框

3）单击"确认"按钮保存工程。

如图 3-4 所示，在工程设计器中新建了一个工程'工程 1'，并在服务器端应用组下面建立了一个服务器端应用"工程 1"。

一个复杂的项目可以包含多个应用，例如在前面工程中已经建立了一个"工程 1"的服务器端应用，还可以在这个工程下建立另外一个应用，方法如下：

项目3 认识组态软件

图 3-4　工程 1 及服务器端应用"工程 1"

在 KingSCADA3.53 工程设计器中，选择"文件"菜单→"添加新应用"命令，在弹出的"新建应用/工程"对话框中进行设置，如图 3-5 所示。

图 3-5　建立应用 2 对话框

41

设置完毕后，在 KingSCADA3.53 工程设计器中可以同时开发这两个应用，且应用项下具有相同的设置项，如图 3-6 所示。

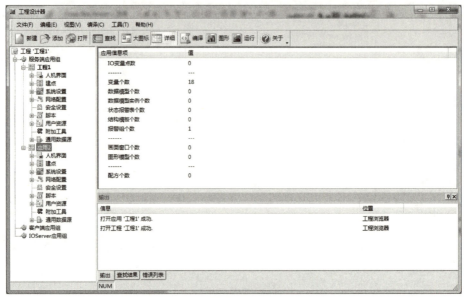

图 3-6　两个应用并存的工程

选择工程名称，在右侧编辑区可以查询到该工程所包含的所有应用的相关信息；选择工程下面的应用名称，在右侧编辑区可以查询到该应用的详细信息，如：点数、画面数、配方数等。

通过以上操作后，新的应用就建立完成，下面的工作就是开发应用。

思考题

1. 组态软件的作用是什么？
2. 组态软件工作在工业控制网络的哪个层次？
3. 熟悉 KingSCADA3.53 工程设计器的功能，并熟悉相关的应用文件。

# 项目 4
# 组态软件对 PLC 的 IO 监控

 **项目要求及目标**

**项目目标：**
1. 理解工业以太网的网络结构。了解服务器、交换机、PLC 在网络中的作用。
2. 了解组态软件在工业以太网中的作用。
3. 了解组态软件对 PLC 软元件的监视、控制方法和原理。

**项目要求：**

1. 要求用一台计算机（作为服务器）、多台西门子 S7-1200 PLC 构成一个工业以太网，PLC 作为现场设备控制两个指示灯的状态，PLC 指示灯能够被服务器控制，并且服务器能监控 PLC 的输出状态。请设计网络结构。

2. 设计服务器的组态软件（包括 IOServer 和服务器应用组）。要求在组态软件的控制界面中，设计两个按钮、两个指示灯，两个按钮分别控制一台西门子 S7-1200 PLC 的 M0.0、M0.1，从而控制 PLC 的输出（Q0.0、Q0.1）状态；两个指示灯分别显示 PLC 的输出（Q0.0、Q0.1）状态。

3. 设计西门子 S7-1200 PLC 程序，要求用 M0.0、M0.1 分别控制 PLC 的输出（Q0.0、Q0.1）状态。

 **项目实施步骤**

## 4.1 网络结构设计

网络结构设计如图 4-1 所示。

## 4.2 组态软件设计

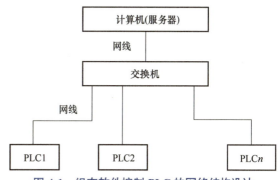

图 4-1 组态软件控制 PLC 的网络结构设计

**1. 创建新的工程**（新应用）

新建应用 / 工程如图 4-2 所示，应用名称为"实验一"，设置保存路径，然后单击"确定"按钮。

图 4-2　新建应用 / 工程

**2. 创建 IOServer 步骤**

1）在"工程'实验一'"的左侧目录树中找到"IOServer 应用组",如图 4-3 所示,按鼠标右键,添加新 IOServer 应用。

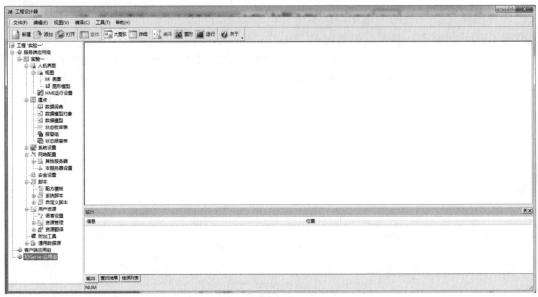

图 4-3　创建 IOServer 界面

2）弹出的界面如图 4-4 所示,应用名称为"实验一 IO",然后单击"确定"按钮,创建 IOServer 完成。

项目4　组态软件对PLC的IO监控

图 4-4　IOServer 设置

### 3. 在 IOServer 中新建设备

展开"IOServer 应用组"目录树，如图 4-5 所示。

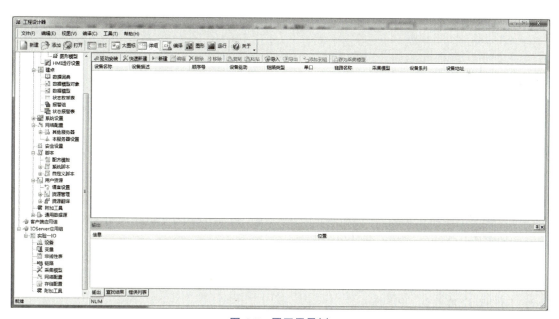

图 4-5　展开目录树

在"IOServer 应用组"目录树中，选中"设备"选项，在鼠标右键菜单中选择"新建设备"，弹出"新建设备 - 基本属性"对话框，如图 4-6 所示。

在这里连接西门子 S7-1200 PLC 设备，设置设备名称为"S7-1200"。

45

单击"下一步"按钮，弹出"新建设备 - 采集属性"对话框，如图 4-7 所示。

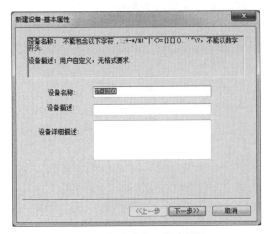

图 4-6 新建设备 - 基本属性

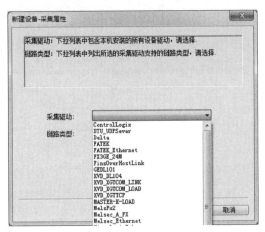

图 4-7 新建设备 - 采集属性

采集驱动选择"S71200Tcp"选项，如图 4-8 所示。

单击"下一步"按钮，弹出"新建设备 - 链路设定"对话框，如图 4-9 所示。

图 4-8 新建设备选择驱动后的界面

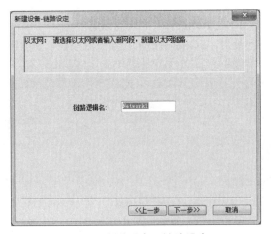

图 4-9 新建设备 - 链路设定

可以修改"链路逻辑名"，然后单击"下一步"按钮，弹出"新建设备 - 设备地址"对话框，如图 4-10 所示。

在"设备系列"中选择"S7-1200"选项；在"设备地址"中键入"192.168.0.1：0"。

**注意**：192.168.0.1 是 PLC 的 IP 地址，需要根据 PLC 的实际 IP 而改变。IP 地址后面的"：0"是西门子 S7-1200 默认 CPU 槽号。

继续单击"下一步"按钮，弹出"新建设备 - 通信设定"对话框，如图 4-11 所示。

尝试连接间隔：当 KingSCADA 和设备通信失败后，KingSCADA 将根据此处的设定时间和设备尝试再通信一次。

最长连接时间：当 KingSCADA 和设备通信失败后，超过此设定的时间仍然和设备通信失败，KingSCADA 将不再尝试和设备通信。

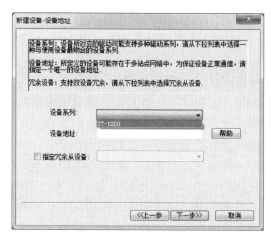

图 4-10　新建设备 - 设备地址

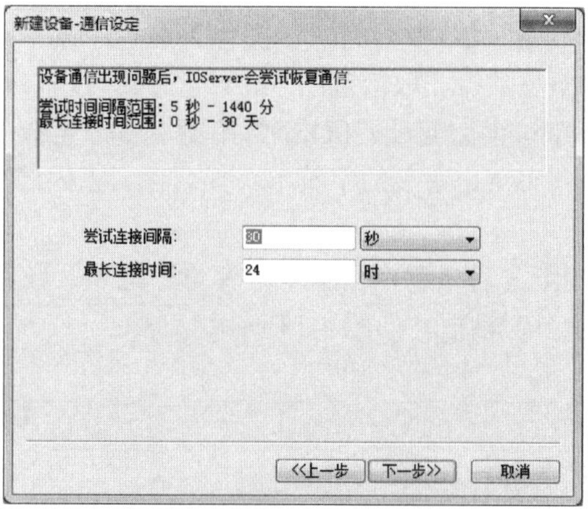

图 4-11　新建设备 - 通信设定

这里选择默认设置即可，继续单击"下一步"按钮，弹出"新建设备 - 展示"对话框，如图 4-12 所示。单击"完成"按钮，完成新设备的创建。

图 4-12　新建设备 - 展示

### 4. 在 IOServer 中定义变量

变量对应的是外部采集和控制设备通过某种方式传递来的现场数据。KingSCADA3.53 支持的变量类型如下：

系统变量：是基本的变量点，每个变量点是一个单独的变量对象，不能修改。

基本变量：是基本的变量点，每个变量点是一个单独的变量对象。

结构变量：以结构的形式存在，是多个基本变量点的集合。

引用变量：以一组变量，替代多组数据类型相同的变量。

基本变量按照数据类型分为离散型、实型、整型和字符串型。

离散型：包括内存离散型变量、I/O 离散变量，类似一般程序设计语言中的布尔（BOOL）变量，只有 0、1 两种取值，用于表示一些开关量。内存离散变量和 I/O 离散变量的区别是，前者是计算机服务器中存储的变量，后者是通过通信得到的 PLC 的数据。

实型：包括内存实型变量、I/O 实型变量，类似一般程序设计语言中的浮点型变量，用于表示浮点数据，取值范围为 $10^{-38} \sim 10^{38}$，有效值 7 位。

整型：包括内存整型变量、I/O 整数变量，类似一般程序设计语言中的有符号长整数型变量，用于表示带符号的整型数据，取值范围 $-2147483648 \sim 2147483647$。

字符串型：包括内存字符串型变量、I/O 字符串型变量，类似一般程序设计语言中的字符串变量，可用于记录一些有特定含义的字符串，如名称：密码等，该类型变量可以进行比较运算和赋值运算。

1）在"IOServer 应用组"目录树中，选中"变量"选项，在鼠标右键菜单中选择"新建变量"，弹出"新建变量"对话框，如图 4-13 所示。

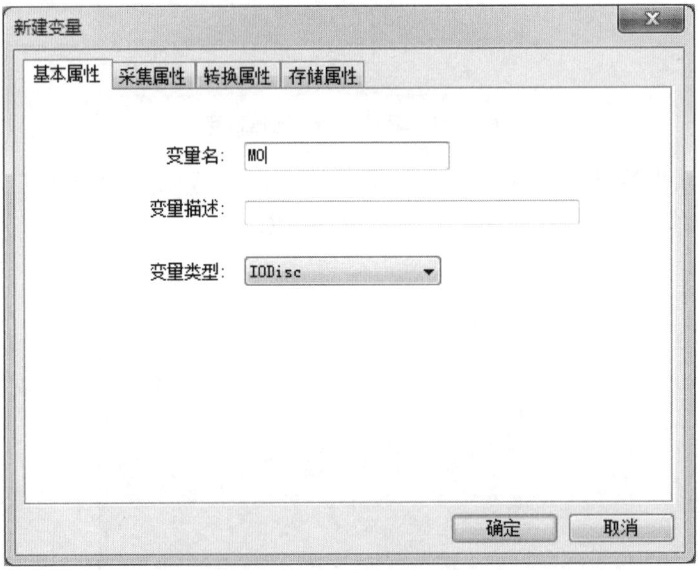

图 4-13 新建变量

在"基本属性"标签页中设置变量名为 M0；变量类型为 IODisc。

2）在"采集属性"标签页中设置关联设备为 S7-1200，寄存器为 M0.0，采集数据类型为 BIT，采集频率为 1000ms，读写类型为读写，其他默认，如图 4-14 所示。

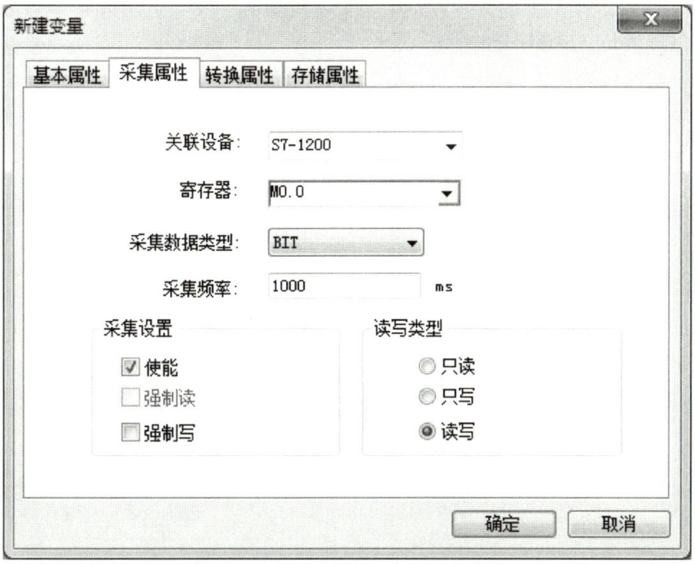

图 4-14 新建变量采集属性

3）设置"转换属性"标签页（在这里保留默认设置），如图 4-15 所示。

图 4-15 新建变量转换属性

4）设置"存储属性"标签页（在这里保留默认设置），如图 4-16 所示。
单击"确认"按钮，完成 M0 变量的定义。
采用相同的步骤，可以设定 M1、Q0、Q1，分别对应 PLC 的寄存器 M0.1、Q0.0、Q0.1。

图 4-16 新建变量存储属性

**5. 在 IOServer 中网络配置**

在 "IOServer 应用组"目录树中,选择"网络配置"选项,弹出"IOServer 网络配置"对话框,如图 4-17 所示。

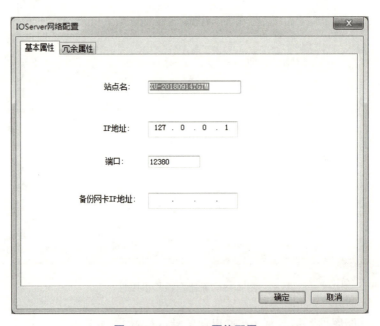

图 4-17 IOServer 网络配置

在这里保留默认设置,单击"确定"按钮,完成 IOServer 网络配置。

### 6. 在服务端应用组中网络配置

在"服务端应用组"的目录树中,选择"网络配置"→"其他服务器"→"IOServer 服务器"→"站点管理"选项,弹出"IOServer 站点配置"对话框,如图 4-18 所示。

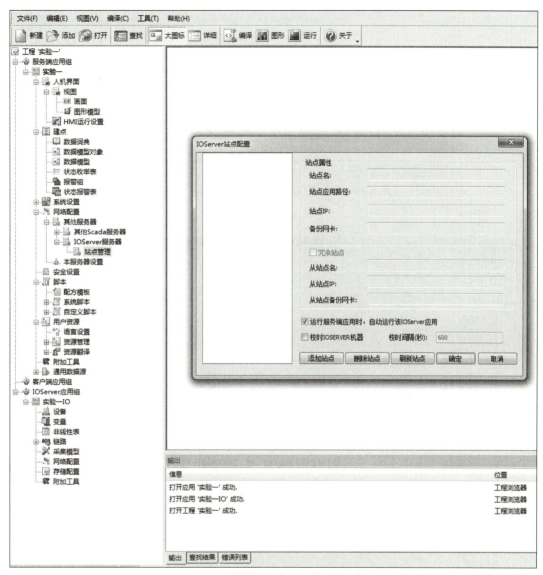

图 4-18 在服务端应用组中网络配置

单击"添加站点"按钮,弹出"添加 IOServer 站点"对话框,如图 4-19 所示。
将 IOServer "实验一 IO"添加并保存,完成服务端应用组的网络配置。

### 7. 建立数据词典

在"服务端应用组"目录树中,选择"建点"中的"数据词典"选项,编辑区显示数据词典,如图 4-20 所示。

图 4-19　服务端应用组中添加 IOServer 站点

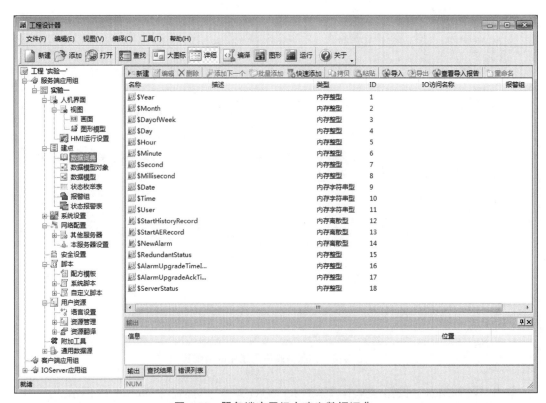

图 4-20　服务端应用组中建立数据词典

选择右侧的"快速添加",弹出"快速添加 IO 变量"对话框,如图 4-21 所示。

由图 4-21 中可以看到在"IOServer 应用组"中创建的变量。全部选中并确定,返回"数据词典"界面,如图 4-22 所示。

由图 4-22 中可以看到将"IOServer 应用组"中创建的变量都添加到数据词典中了。

图 4-21　服务端应用组中快速添加 IO 变量

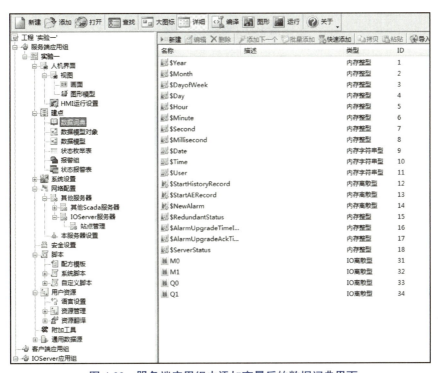

图 4-22　服务端应用组中添加变量后的数据词典界面

## 8. 创建人机界面

在"服务端应用组"的目录树中,选择"人机界面"→"视图"→"画面"选项,如图 4-23 所示。

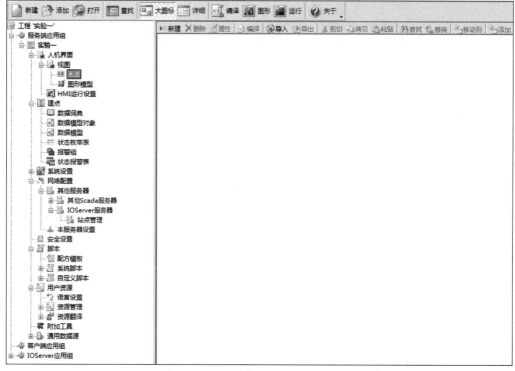

图 4-23 创建人机界面

选择右侧的"新建"按钮,弹出"新建画面"对话框,如图 4-24 所示,设置"名称"为"控制界面",完成人机界面创建。

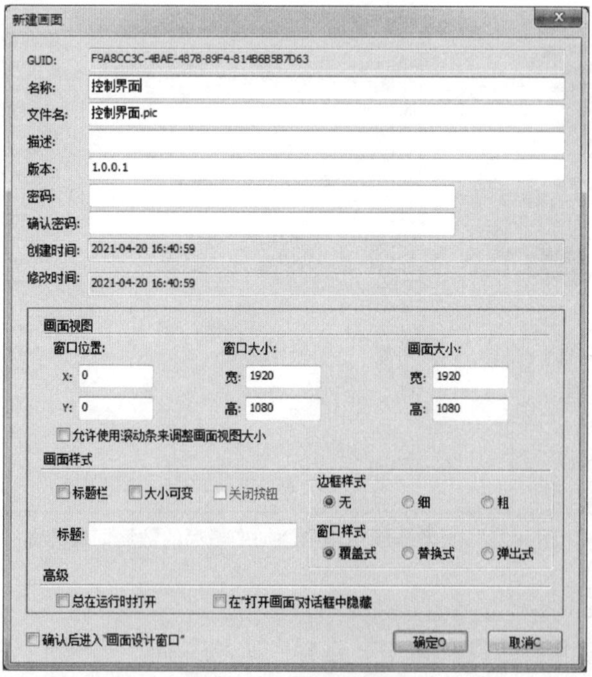

图 4-24 新建画面

## 9. 创建动画连接步骤

1）创建按钮。打开前文创建的"控制界面"，选择菜单中的"对象"→"扩展"→"按钮"命令，在界面上添加一个按钮"Button"，利用鼠标右键弹出"属性"对话框，可以改变按钮的文字、颜色等属性。在这里将该按钮的文字改为 M0.0，如图 4-25 所示。

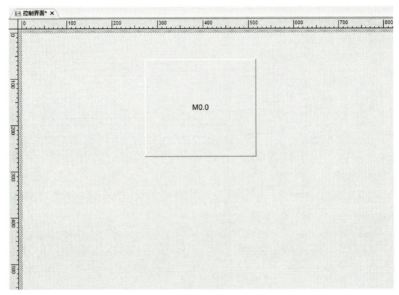

图 4-25　创建按钮

2）建立按钮的动画连接。用鼠标双击上面创建的按钮 M0.0，弹出"动画编辑"对话框，如图 4-26 所示。

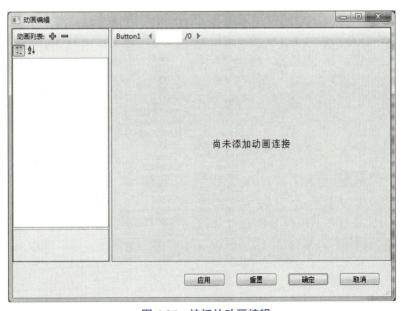

图 4-26　按钮的动画编辑

选择"动画列表"中的"值输入"→"离散值输入"选项,编辑区出现"离散值输入",如图 4-27 所示。

图 4-27 按钮的动画配置离散值输入

单击图 4-27 中的"…"按钮,弹出"变量选择器"对话框,如图 4-28 所示。

图 4-28 按钮的动画连接变量的选择

选择"M0"并确定。这样就完成了按钮 M0.0 与 PLC 的软元件 M0.0 的动画连接。现在就可以用组态软件控制界面中的按钮 M0.0，从而控制 PLC 的软元件 M0.0 的闭合、断开。

利用同样的方法，可以创建按钮 M0.1，用来控制 PLC 的软元件 M0.1。

3）创建指示灯。打开"控制界面"，选择菜单中的"基本"→"椭圆"命令，在界面上添加一个圆圈作为指示灯，如图 4-29 所示。

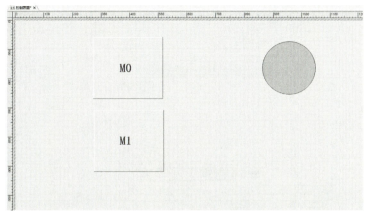

图 4-29　指示灯的动画配置

4）建立指示灯的动画连接。用鼠标双击前面创建的指示灯，在弹出的界面中选择"动画列表"→"属性"→"画刷"选项，编辑区出现"画刷"，如图 4-30 所示。

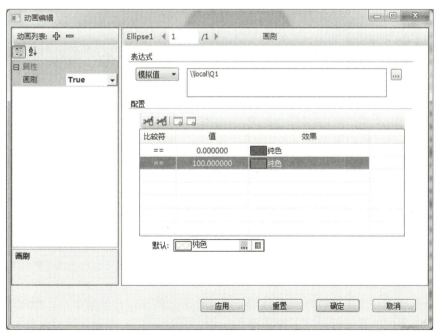

图 4-30　指示灯的动画编辑

设置图 4-30 中的"表达式"为"离散值"，变量为"Q0"，修改"配置"列表中的值

"false"和"true"并设置"效果"的颜色,如图4-31所示。

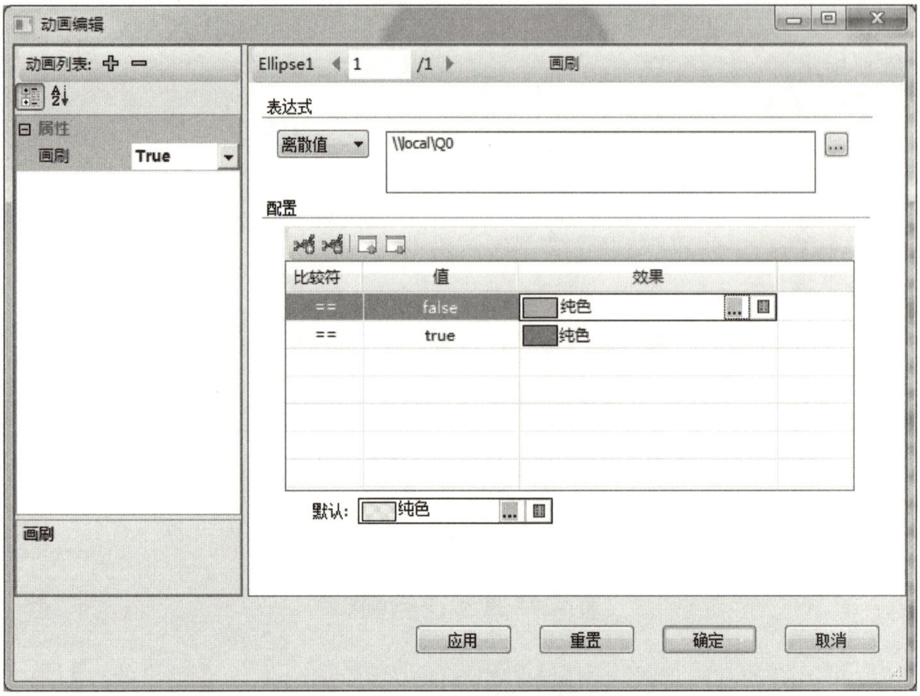

图4-31 指示灯的动画连接变量属性设置

然后单击"确定"按钮,完成指示灯与PLC的软元件Q0.0的动画连接。现在就可以用组态软件控制界面中的指示灯,以显示PLC的软元件Q0.0的状态。

利用同样的方法,可以创建指示灯Q0.1,分别用来显示PLC的软元件Q0.0、Q0.1的状态。

为了区别两个指示灯指示的变量,可以在指示灯的上面放置文本Q0.0、Q0.1,并与指示灯组合在一起。放置文本的方法是:选择"对象"→"基本"→"文本",并放置到指示灯的上面。

组合的方法是:首先选中需要组合的两个对象"椭圆"和"文本",选择"绘制"→"组合",完成两个对象的组合。注意:组合后两个对象的功能就无法改变了。如果想改变两个对象的功能,需要先"解组",再改变功能,最后再次组合。

上面各项任务完成后的界面如图4-32所示。

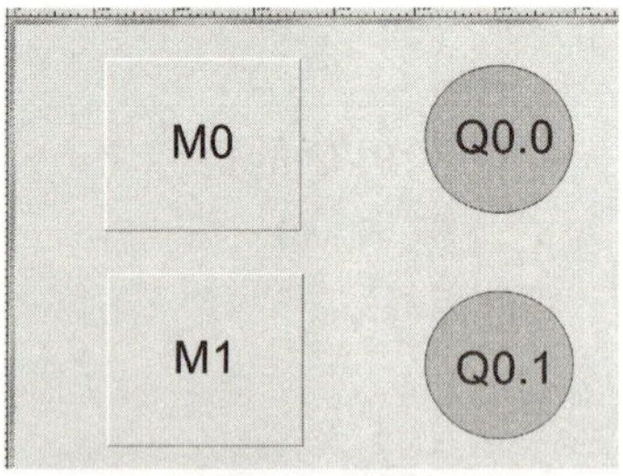

图4-32 各项任务完成后的界面

**10. 运行程序**

在运行程序前,为了运行时能够看到前面设计的人机界面,可以在"工程管理器"中设置开机运行的界面。首先打开"工程管理器";然后用鼠标双击"HMI运行设置",如图4-33所示。最后在弹出的"运行态设置"对话框中,选择前面设计的"控制界面",再单击"确定"按钮,如图4-34所示。这样,开机就可以直接显示设计的界面了。

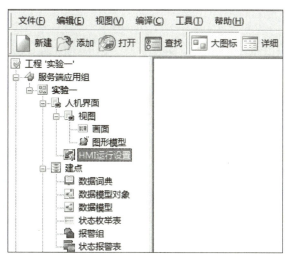

图 4-33　HMI 运行设置的界面

图 4-34　运行界面的设置

在没有 PLC 的情况下，运行程序可以发现：按钮 M0、M1，没有作用；指示灯 Q0.0、Q0.1 的颜色与 M0、M1 没有关系。

这是因为没有 PLC 连接，Q0.0、Q0.1 的变化都是服务器内部的内存变量。只有与 PLC 连接后才能控制、显示 PLC 的软元件状态。

## 4.3　编写 PLC 程序并设置 PLC 连接机制

1）用博途软件编写 PLC 程序，如图 4-35 所示。

2）设置 PLC 的连接机制，选择 PLC 软件的"在线和诊断"→"常规"→"属性"→"连接机制"，选中"允许来自远程对象的 PUT/GET 通信访问"，如图 4-36 所示。

**注意**：只有在 PLC 中设置"允许来自远程对象的 PUT/GET 通信访问"，组态软件才能控制、监视 PLC 的软元件。

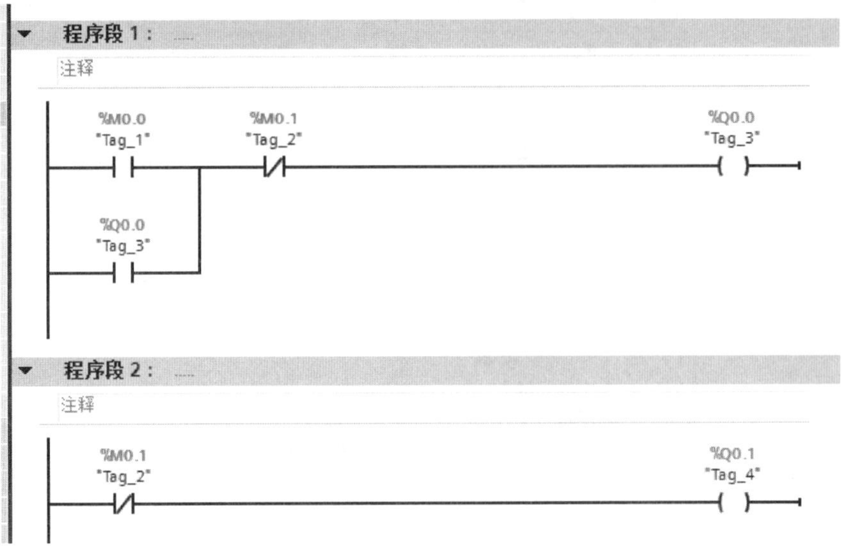

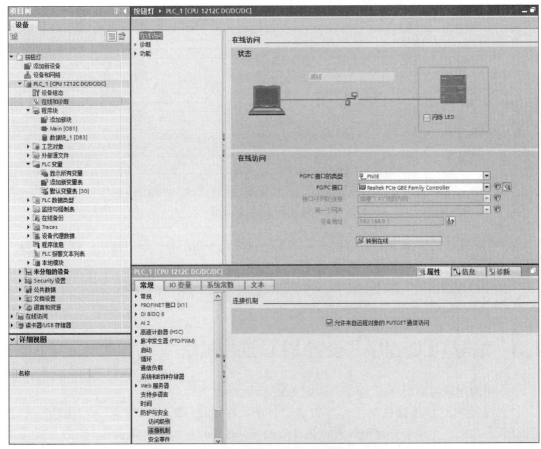

图 4-35　PLC 程序

图 4-36　设置 PLC 的连接机制

在 PLC 写入程序后，再次运行组态软件，组态软件界面中的按钮 M0、M1 可以控制 PLC 的输出 Q0.0、Q0.1，并且组态软件界面的指示灯 Q0.0、Q0.1 也随着 PLC 输出 Q0.0、Q0.1 的变化而变化。

通过这个项目可以发现，组态软件必须与 PLC 程序协调一致才能控制、显示 PLC 的输出。只有 PLC 的程序允许 M0.0、M0.1 控制输出，并且组态软件的动画、变量能控制 PLC 的 M0.0、M0.1 才能满足项目要求。另外还可以发现，IOServer 的作用是与现场设备进行通信，而服务器应用的作用是利用 IOServer 的通信实现对现场设备的监视（读）和控制（写）。

### 思考题

1. IOServer 的作用是什么？
2. 服务端应用组与客户端应用组的区别是什么？
3. 服务端中网络设置的作用是什么？

项目 5

# 组态软件对 PLC 模拟量的监控

**项目要求及目标**

**项目目标：**

1. 理解组态软件模拟量的作用。
2. 了解组态软件常用的模拟量类型。
3. 理解组态软件对 PLC 模拟量监视、控制的原理。

**项目要求：**

1. 在项目 4 的工业以太网中，服务器能够控制和监控 PLC 的输出状态。请在此基础上，用 PLC 设计一个红绿灯控制程序。在组态软件中，设计四个数字显示器（模拟量显示），其中两个分别控制、显示红绿灯的最长时间，另外两个显示红绿灯的时间变化。

2. 设计西门子 S7-1200 PLC 的程序，要求用 M0.0 控制交通灯的启动。M0.1 控制交通灯的停止。Q0.0 指示红绿灯的工作状态（红灯停止，绿灯运行）；Q0.1、Q0.2 分别控制交通灯的红灯和绿灯。红灯和绿灯的时间可以被组态软件任意改变。

**项目实施步骤**

## 5.1 IOServer 变量定义及网络配置

**1. IOServer 设备和开关量变量的定义**

定义步骤同项目 4 一样，本项目创建"实验二 IO"的 IOServer，并新建设备和变量 M0.0、M0.1、Q0.0、Q0.1、Q0.2。

**2. 模拟量的建立步骤**

1）在"IOServer1"应用中，选中"变量"，在鼠标右键菜单选择"新建变量"，弹出"新建变量"对话框，如图 5-1 所示。

在"基本属性"标签页中，设置变量名为 M8，变量类型为 IOShort。

2）在"采集属性"标签页中，设置关联设备为S71200，寄存器为M8，采集数据类型为SHORT，采集频率为1000ms，如图5-2所示。

图5-1 新建模拟量

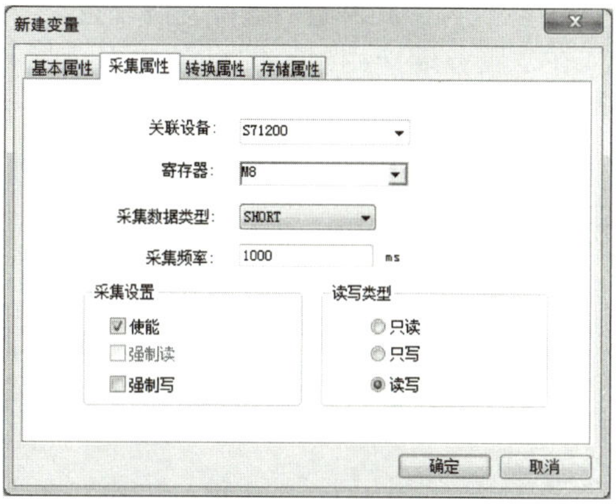

图5-2 模拟量采集属性设置界面

3）设置"转换属性"标签页（在这里保留默认设置），如图5-3所示。
4）设置"存储属性"标签页（在这里保留默认设置），如图5-4所示。

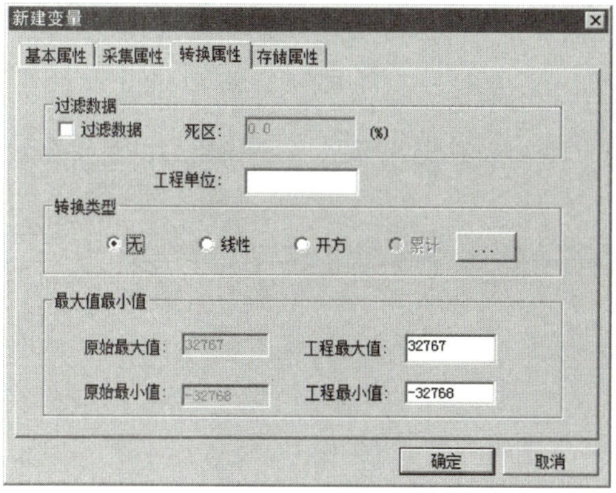

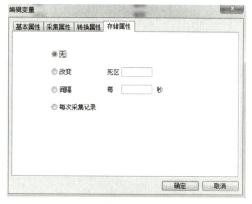

图5-3 模拟量转换属性设置

图5-4 模拟量存储属性设置

单击"确认"按钮，完成变量定义。

按照同样的方法，在IOServer中，新建6个模拟量，即M8、M10、M12、M14、M18、M22。

### 3. 在 IOServer 中网络配置

在"IOServer应用组"的目录树中，选择"网络配置"，弹出"IOServer网络配置"对话框，如图5-5所示，在这里保留默认设置，单击"确定"按钮，完成IOServer网络配置。

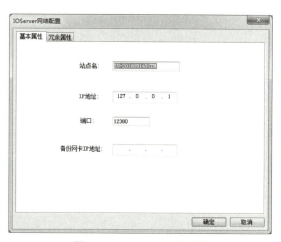

图5-5 IOServer 网络配置

## 5.2 服务端网络配置及动画连接

**1. 在服务端应用组中进行网络配置**

在"服务端应用组"的目录树中选择"网络配置"→"其他服务器"→"IOServer 服务器"→"站点管理",弹出"IOServer 站点配置"对话框,如图 5-6 所示。

选择"添加站点",弹出"添加 IOServer 站点"对话框,如图 5-7 所示。将 IOServer"实验二 IO"添加并保存,完成服务端应用组的网络配置。

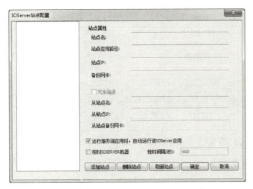

图 5-6 在服务端应用组中进行 IOServer 站点配置

图 5-7 服务端应用组中添加 IOServer 站点

**2. 建立数据词典**

在"服务端应用组"的目录树中,选择"建点"→"数据词典",编辑区出现"数据词典",如图 5-8 所示。

图 5-8 服务端应用组中数据词典界面

选择右侧的"快速添加"按钮,弹出"快速添加 IO 变量"对话框,如图 5-9 所示。

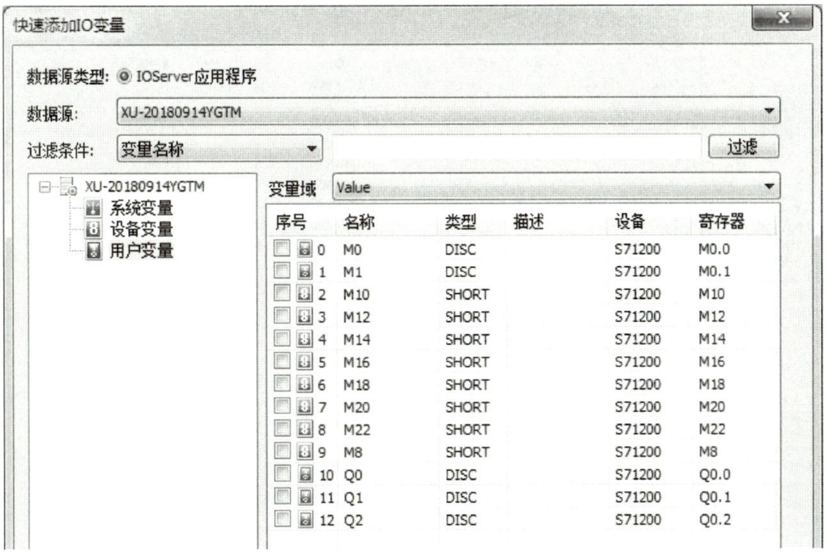

图 5-9 服务端应用组中快速添加 IO 变量

图 5-9 中可以看到前文在 IOServer 中创建的变量。全部选中并确定,弹出"添加报告"对话框,提示添加变量成功个数等信息,如图 5-10 所示。

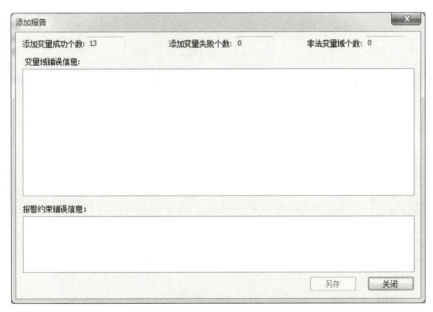

图 5-10 服务端应用组中添加 IO 变量后的提示信息

单击"关闭"按钮,返回"数据词典"界面,如图 5-11 所示,可以在"数据词典"里看到添加的变量。

### 3. 创建人机界面

在"服务端应用组"的目录树中选择"人机界面"→"视图"→"画面",如图 5-12 所示。

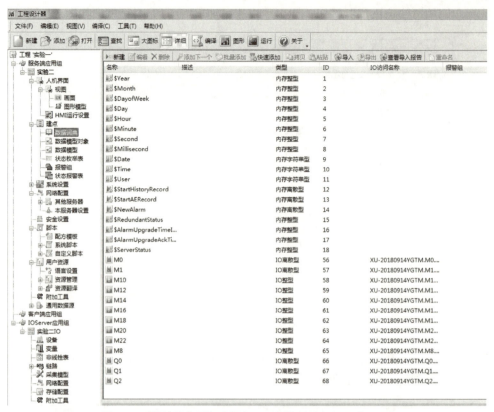

图 5-11 服务端应用组中添加 IO 变量后的数据词典界面

图 5-12 服务端应用组中添加画面

单击右侧的"新建"按钮,弹出"新建画面"对话框,如图 5-13 所示,设置名称为"控制界面",完成"人机界面"创建。

图 5-13　服务端应用组中新建画面

**4. 创建动画连接步骤**

1）创建按钮、指示灯及建立其动画连接同项目 4 一样。

2）创建数字显示器。

打开"控制界面",选择基本图形工具的文本,在画面中添加一个文本。这里将文本 "Text"修改为"####",然后使用动画连接"添加连接"选择"模拟值输出",如图 5-14 所示,这样使用模拟值输出动画连接,就可以将文本作为数字显示器显示变量的数据变化。

图 5-14　数字显示器作为模拟量输出的设置

当文本连接的变量需要用键盘修改变量的数据时,可以增加文本的动画连接,添加"模拟量输入",如图 5-15 所示,这样该文本既能显示变量的数据,也能修改变量的数据。

图 5-15  数字显示器作为模拟量输入的设置

通过上述可以看出,该文本既可以作为数字显示器,也可以作为数字输入键盘改变对应的变量。

为了说明数字显示器对应的变量,可以增加一个文本放在数字显示器的左面,用来说明该数字显示器对应的变量,如图 5-16 所示。注意文本的字号、颜色都可以通过属性改变。

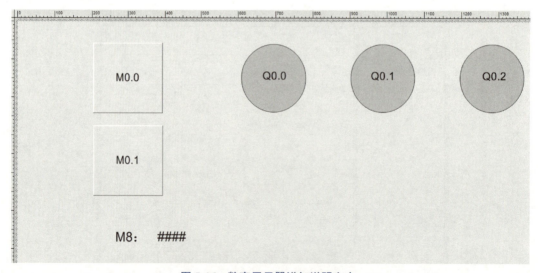

图 5-16  数字显示器增加说明文本

利用同样的方法，可以创建数字显示器 M10、M12、M14、M18、M22，分别用来显示 PLC 的软元件 M10、M12、M14、M18、M22 的数据。

最终的界面如图 5-17 所示。

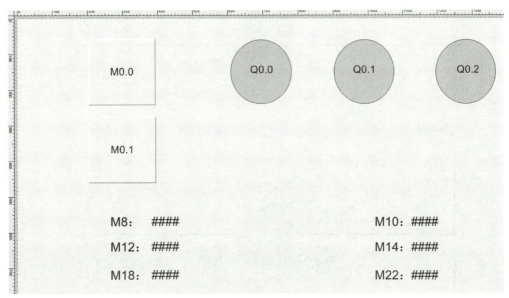

图 5-17 最终的界面

**注意**：当数字显示器只用来显示变量数值，而不改变变量数值时，可以只添加动画模拟量输出，不需要添加模拟量输入。

## 5.3 编写 PLC 程序并设置 PLC 连接机制

1）用博途软件编写 PLC 程序。本项目 PLC 程序包括两部分：主程序和启动程序（STARTUP 组织块程序）。主程序如图 5-18 所示，启动程序如图 5-19 所示。

2）同项目 4 一样，设置 PLC 的连接机制，选择 PLC 软件的 "在线和诊断"→"常规"→"属性"→"连接机制"，选中 "允许来自远程对象的 PUT/GET 通信访问"。

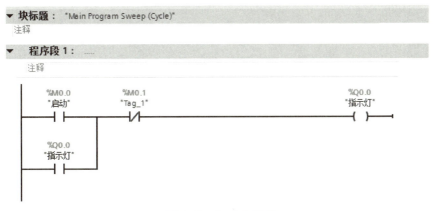

图 5-18 PLC 主程序

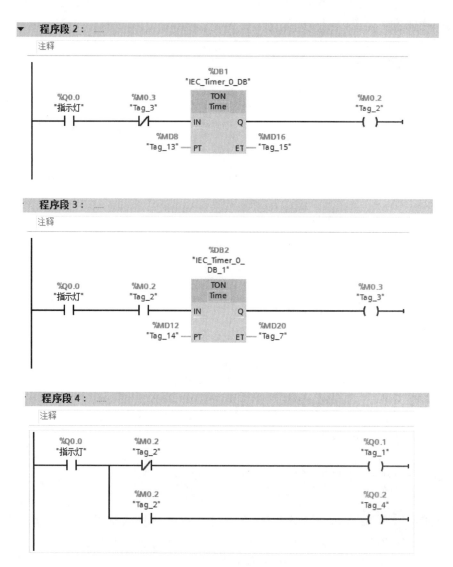

图 5-18 PLC 主程序（续）

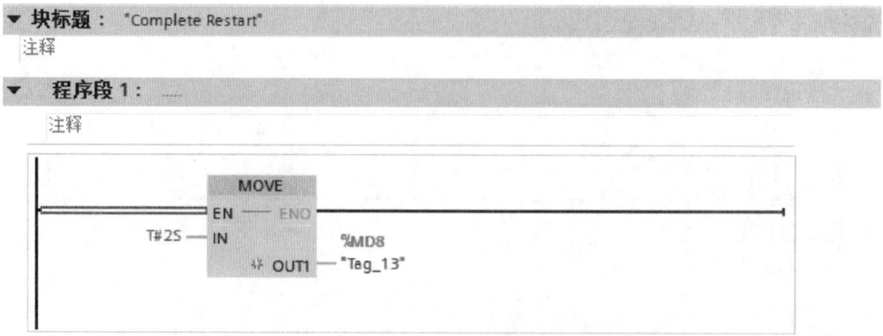

图 5-19 PLC 的启动程序

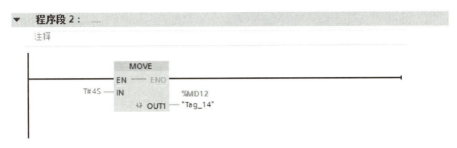

图 5-19　PLC 的启动程序（续）

## 5.4　组态软件运行

在完成 PLC 的编程后，组态软件通过菜单可以进入运行状态。此时，组态软件界面的 M8=0，M10=2000，M12=0，M14=4000，M18 在 0~2000 之间变化，M22 在 0~4000 之间变化。这是因为组态软件中的 M8、M10、M12、M14、M18、M22 对应的变量采用的是整型，其数据长度是 16 位。而 PLC 的定时器采用的 MD8、MD12、MD16、MD18 变量的数据长度是 32 位。所以，在这里用组态软件的两个变量对应 PLC 的一个变量，也就是用 M8、M10 分别显示 MD8 的高 16 位和低 16 位，用 M12、M14 分别显示 MD12 的高 16 位和低 16 位。此时，改变组态软件的 M10、M14 就能改变 PLC 的定时时间。如果改变 M8、M12，PLC 的定时时间会发生很大的变化。

通过这个实验，也可以理解西门子 S7-1200 PLC 的 M 存储区访问的寻址方式：

1）位格式：M［字节地址］.［位地址］，如 M2.7。

2）字节、字和双字格式：M［长度］［起始字节地址］，如 MB10、MW100 和 MD0。

3）要正确使用西门子 S7-1200 PLC 的 M 存储区，就要理解这些寻址方式的关系。

一个 MDi 包括 MWi 和 MWi+2 两个字存储器，MWi 又包括 MBi 和 MBi+1 字节存储器，而 MBi 又包含 MBi.0~MBi.7 共 8 位。例如：MD8 包括 MW8 和 MW10 两个字存储器，MW8 又包括 MB8 和 MB9 两个字节存储器，MB8 又包含 MB8.0~MB8.7 共 8 位。所以在西门子 S7-1200 PLC 编程时，一定注意不要将存储器重复使用。例如，项目中使用了 M0.0 作按钮，也就是作开关量，就不能再使用 MD0 作定时器变量了。因为两个变量共用了同一个位存储器 M0.0。

1. 在组态软件变量 M8 基本属性中，变量的类型是 IOShort，这种变量类型表示该变量的数据保存在 PLC 中，还是保存在服务器中？

2. 在组态软件变量 M8 采集属性中，寄存器是 M8，采集数据类型是 SHORT，这表示组态软件的 M8 与西门子 S7-1200 PLC 的数据寄存器 MB8、MB9 有什么关系？

3. 在西门子 S7-1200 PLC 的定时器中，定时时间变量采用 MD8、MD12，MD8 与数据寄存器 MB8、MB9、MB10、MB11 有什么关系？

4. 为什么改变组态软件的变量 M8 和 M10 都能改变 PLC 的定时时间？

# 项目 6

# 组态软件的动画连接与脚本程序编写

## 项目要求及目标

**项目目标：**

1. 理解动画连接在工业以太网中的作用，即方便、直观地监视和控制工业过程中的参数，并且增强了人机界面的美观。

2. 理解脚本程序的作用，即方便编程人员根据实际要求设计、实现组态软件目前无法完成的功能，这就是组态软件的开放性。

**项目要求：**

1. 设计组态软件的 IOServer、服务端应用组。在组态软件的 IOServer 中，创建两个 PLC 设备，并分别对 PLC 的软元件创建变量。在组态软件的控制界面中，设计两个界面分别显示两个 PLC 的各种参数。

在两个界面中分别设计两个按钮用来控制对应的西门子 PLC S7-1200 的 M0.0、M0.1。对两个按钮分别编写脚本程序，实现按钮功能（按下输出 1，松开输出 0）和开关功能（第一次按下由 1 变为 0，第二次按下由 0 变为 1，如此循环）。

在两个界面中，分别设计三个指示灯用来显示 PLC 的 Q0.0、Q0.2、Q0.3 的状态；分别设计四个数字显示器，其中两个分别控制、显示红、绿灯的设置时间，另外两个显示红、绿灯的时间变化。

在两个界面中分别设计一个指示灯和一个数字显示器，用不同的方式显示计算机与 PLC 的通信状态。

在两个界面中分别设计一个按钮，编写脚本程序实现两个界面的互相转换。

2. 两个 PLC 采用相同的程序。设计西门子 S7-1200 PLC 的程序，要求用 M0.0 控制交通灯的启动，M0.1 控制交通灯的停止，Q0.0 指示红、绿灯的工作状态（灯灭停止，灯亮运行），Q0.2、Q0.3 分别控制交通灯的红灯和绿灯。红灯和绿灯的时间可以被组态软件任意改变。

 项目实施步骤

## 6.1 脚本程序编写

KingSCADA3.53 除了在定义动画连接时支持连接表达式，还允许用户编写脚本程序来扩展应用程序的功能。KingSCADA3.53 提供的脚本是一种在语法上类似 C 语言的程序，工程人员可以利用这些程序编写逻辑控制程序，从而增强应用程序的灵活性。

**1. 脚本语法**

KingSCADA3.53 支持的数据类型、运算符以及控制语句介绍如下。

（1）支持的数据类型

1）布尔类型。

布尔常量：True、False。

布尔变量：类型符为 bool，取值 True 和 False。

2）整数类型。

整型常量：十进制整数，如 123，–456，0。

整型变量：有符号短整型和有符号长整型。

3）实数类型。

实型常量：十进制小数形式，如 0.123，123.0，0.0。

实型变量：单精度实型和双精度实型。

4）字符串类型。

字符串常量：使用双引号括起来的若干字符，如"kingview""script"等。

字符串变量：类型符为 String，定义形式：string  str1，str2。

5）引用类型。

定义引用变量：变量类型  变量名，如：IntTag a；    // 定义整型引用变量。

使用引用变量：a =&intTag；    // 将引用变量 a 指向工程中定义的整型变量 intTag。

6）数组类型。

一维数组定义：类型说明符［常量表达式］数组名。

一维数组引用：数组名［下标］。

（2）支持的运算符

支持的运算符包括算术运算符、关系运算符、逻辑运算符、位运算符、赋值运算符等，具体介绍请参见相关用户手册。

（3）支持的脚本语句

支持的脚本语句包括以下几种。

赋值语句：变量（变量的可读写域）= 表达式。

跳转语句：Return、Break、Continue。

分支语句：If 语句、Switch 语句。

循环语句：while 语句、do-while 语句、for 语句。

**2. 脚本分类**

KingSCADA3.53 脚本从可见性上可以分成全局和局部事件脚本。

（1）全局事件脚本

1）应用程序脚本：指在工程启动时、关闭时或在程序运行期间周期执行的脚本程序。

2）报警事件脚本：指当报警事件产生时执行的脚本程序。

3）用户事件脚本：指当用户操作事件（包括：用户登录和用户注销）产生时执行的脚本程序。

4）数据改变脚本：指连接的变量或变量域，在变量或变量域变化到超出数据词典中所定义的变化灵敏度时，被触发执行的脚本程序。

5）事件脚本：指在某件事情发生时、消失时或存在期间周期执行的脚本程序。

6）热键脚本：被链接到指定的热键上，工程运行期间，用户随时按下热键都可以执行这段脚本程序。

7）自定义函数脚本：提供用户自定义函数，用户可以根据 KingSCADA3.51 的基本语法及提供的函数自己定义各种功能更强的函数，通过这些函数能够实现工程特殊的需要。

8）定时脚本：指在工程运行期间，根据指定的时间，定时触发的脚本程序。

（2）局部事件脚本

1）画面脚本：指画面打开时、画面关闭/隐含时或画面运行时周期执行的脚本程序。

2）画面图素脚本：指鼠标单击该图素时执行的脚本程序。

3）控件的事件脚本：指 Windows 通用控件和 ActiveX 控件的事件所触发的脚本程序。

## 6.2 开关按钮的脚本程序编写

**1. 在 IOServer 中创建设备、变量**

创建设备的方法同项目 4，两个设备就需要创建两次，本项目中两个 PLC 的型号相同，唯一的区别是 IP 地址不同。

创建变量的方法同项目 5，由于两个 PLC 的功能相同，监控的变量相同。为了区别两个 PLC 中同名称的变量，本项目中用 1 位或者 2 位数字表示 PLC1 中的变量，用 3 位数表示 PLC2 中的变量。例如：M00 表示 PLC1 的 M0.0，而 M100 则表示 PLC2 的 M0.0；同样，用 M8 表示 PLC1 的 MW8，而 M108 则表示 PLC2 的 MW8，以此类推。当然，也可以用其他方法表示两个 PLC 的相同变量。

**2. 在服务端数据词典上添加变量**

在服务端应用组的网络配置、IOServer 服务器、站点管理中，通过添加站点，可以将服务器与前面建立的 IOServer 应用组建立通信，从而让服务器应用与现场设备建立通信、读写现场设备的变量。服务器与现场设备通信的变量在服务器应用组的建点、数据词典中设置，可以将 IOServer 应用组中的变量全部添加到数据词典中，也可以只添加部分需要的变量。但是只有数据词典中存在的变量，服务端应用组才能监视、控制。如果 IOServer 应用组中的变量有变化，必须刷新服务端应用组中的站点，才能让服务器使用修改后的 IOServer。

## 3. 创建人机界面

在"服务端应用组"的目录树中选择"人机界面"→"视图"→"画面",如图 6-1 所示。

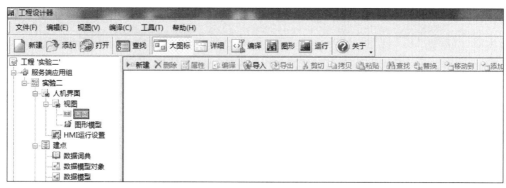

图 6-1 创建人机界面

单击右侧的"新建"按钮,弹出"新建画面"对话框,如图 6-2 所示,设置"名称"为"控制界面1",单击"确定"按钮,完成第一个人机界面的创建。

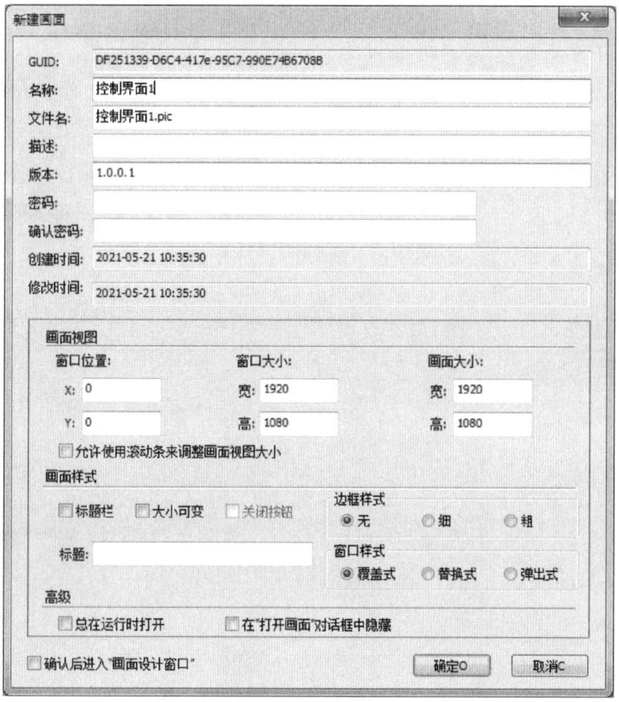

图 6-2 新建画面

按照同样的方法创建多个控制界面。

## 4. 创建动画连接

打开上述创建的"控制界面1",选择菜单中的"对象"→"扩展"→"按钮",在界面上添加一个按钮"Button",利用鼠标右键的"属性"菜单,可以改变按钮的文字、颜色等属性。在这里将该按钮的文字改为 M0.0,如图 6-3 所示。

添加动画连接：用鼠标双击上面创建的按钮 M0.0，弹出"动画编辑"对话框，如图 6-4 所示。

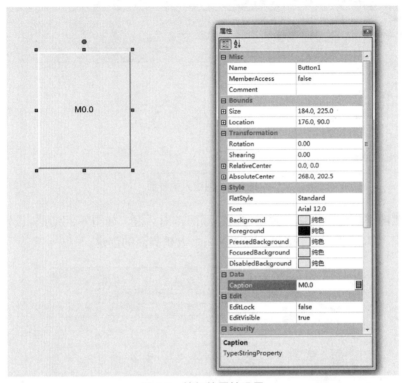

图 6-3 按钮的属性设置

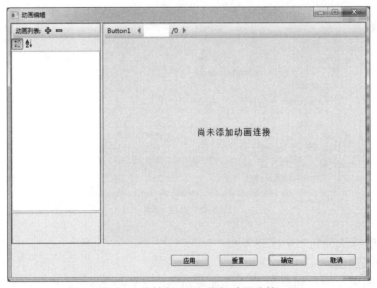

图 6-4 为按钮 M0.0 添加动画连接

在"动画列表"中选择"+"→"鼠标"→"左键按下"，如图 6-5 所示。

项目6　组态软件的动画连接与脚本程序编写

图 6-5　设置鼠标左键按下的脚本程序

选择菜单"变量"选项，弹出"变量选择器"对话框，如图 6-6 所示。

图 6-6　选择变量

选择左侧的"local"选项，选择"变量名"中的"M100"（也可以是变量 M0 或者其他变量。选择变量的目的是将选中变量与该按钮进行连接，利用按钮对选中的变量进行操作），单击"确定"按钮，如图 6-7 所示。

输入"\\local\M100=1;"，如图 6-8 所示，完成该按钮鼠标左键按下的动画连接程序，实现鼠标按下时让变量"\\local\M100=1;"的功能。

按照同样的方法，完成该按钮鼠标左键弹起的功能，即"\\local\M100=0;"。这样通过程序就实现了这个按钮的功能：鼠标左键按下，变量"\\local\M100=1;"，鼠标左键弹起，变量"\\local\M100=0;"。

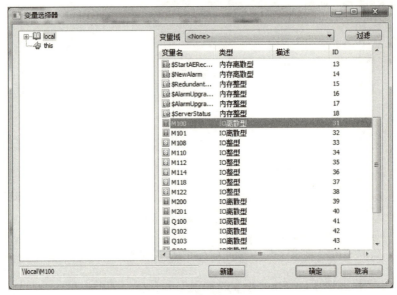

图 6-7 变量选择的界面

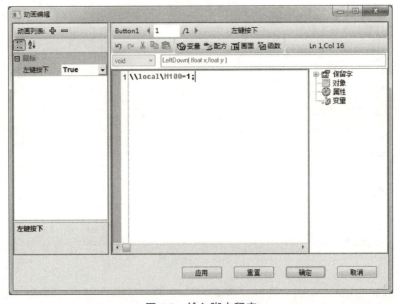

图 6-8 输入脚本程序

利用同样的方法，可以创建按钮 M0.1，并编写程序用来控制 PLC 的软元件 M0.1。
如果想要该按钮实现开关功能，程序如图 6-9 所示。
这样通过程序就实现了这个按钮的开关功能：鼠标左键按下，变量 \\local\M100 如果原来是 0，就变成 1；如果原来是 1，就变成 0；实现了开关功能。

项目6 组态软件的动画连接与脚本程序编写

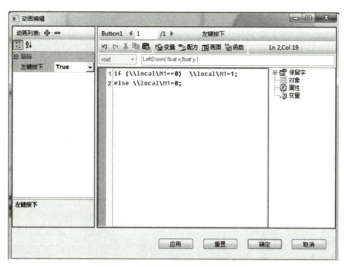

图 6-9 按钮的开关脚本程序

## 6.3 界面转换按钮的脚本程序编写

打开前文创建的"控制界面 1",选择菜单中的"对象"→"扩展"→"按钮",在界面中添加一个按钮"Button",利用鼠标右键的"属性"菜单,可以改变按钮的文字、颜色等属性。在这里将该按钮的文字改为:转到界面 2。

用鼠标双击上述创建的按钮"转到界面 2",弹出"动画编辑"对话框,如图 6-10 所示。

图 6-10 界面转换按钮的脚本程序界面

在"动画列表"中选择"+"→"鼠标"→"左键按下",如图 6-11 所示。

键入"/*bool*/ShowPicture("控制界面 2");"程序,如图 6-12 所示,单击"确定"按钮,完成该按钮鼠标左键按下的动画连接程序,实现鼠标按下时转到界面 2 的功能。

79

图 6-11　界面转换按钮的脚本程序输入界面

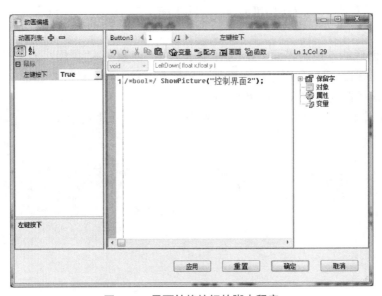

图 6-12　界面转换按钮的脚本程序

## 6.4　通信状态变量（IO 整型）指示灯显示

通信状态变量是服务器与设备通信是否正常的指示，是一个 IO 整型数据。通过服务器的"数据词典"→"新建"选项，弹出"变量属性"对话框，如图 6-13 所示。

选择"访问名称"右侧的"…"按钮，弹出"IO 变量选择器"对话框，再选择"设备变量"→"设备"→"commStatus"（注意：变量域中有多个选择，可以通过鼠标单击右边的三角按钮弹出下拉框，然后选择"commStatus"），如图 6-14 所示。

单击"确定"按钮，成功定义选择设备的通信状态变量，如图 6-15 所示。

项目6　组态软件的动画连接与脚本程序编写

图 6-13　新建通信状态变量（IO 整型）

图 6-14　通信状态变量的选择

图 6-15　成功定义通信状态变量

**注意**：通信状态变量是一个整型，变量名称为 status1（也可以是其他名称）。该整型变量可以用文本显示其数值。但作为通信状态，还可以用指示灯显示成功或者失败，也就是将整型变量变成开关量。将整型变量变成开关量显示的方法如下。

打开"控制界面 1"，选择菜单中的"基本"→"椭圆"，在界面上添加一个圆圈作为指示灯，如图 6-16 所示。

用鼠标双击上面创建的指示灯，在弹出的界面中选择"动画列表"中的"属性"→"画刷"选项，选择前文中创建的通信状态变量 status1，并修改比较符和颜色，如图 6-17 所示。

81

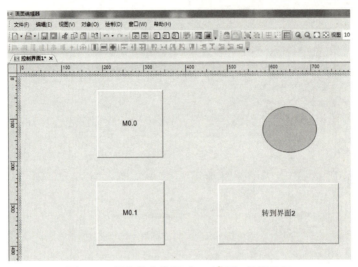

图 6-16 通信状态变量（IO 整型）的指示灯

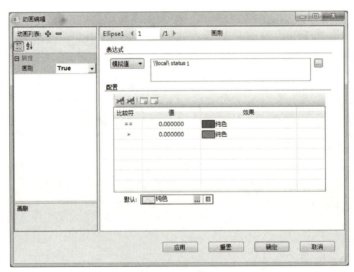

图 6-17 通信状态变量（IO 整型）的指示灯动画定义

单击"确定"按钮。这样就完成了该指示灯与通信状态变量的动画连接。现在就可以用组态软件控制界面中的该指示灯显示 S7-1200 PLC 的通信状态。

为了说明该指示灯的信息，可以增加一个文本放在指示灯上，增加文本后的指示灯如图 6-18 所示。

**注意**：文本用来显示一个文本字符串，只能进行单行显示，文本框部分属性如下。

1) Text：显示文本内容。

2) TextFont：显示文本的字体。

3) TextBrush：显示文本的颜色画刷。

选择基本图形工具的"文本"，然后将文本放置在界面上。可以通过"属性"设置文本的内容、文本字体、文本颜色等。

项目6　组态软件的动画连接与脚本程序编写

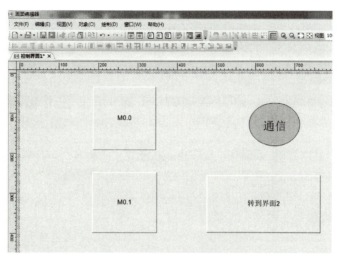

图 6-18　增加文本后的指示灯

利用前文讲述的方法，可以创建指示灯 Q0.0、Q0.2、Q0.3，分别用来显示 S7-1200 PLC 的软元件 Q0.0、Q0.2、Q0.3 的状态。

## 6.5　创建数字显示器

打开"控制界面"，选择基本图形工具的"文本"，在界面上添加一个文本。本项目将文本"Text"修改为"####"，然后使用"动画编辑"添加连接，选择"模拟值输出"，如图 6-19 所示，这样使用"模拟值输出"动画连接，就可以将文本作为数字显示器显示变量的数据变化。

图 6-19　添加模拟值输出

当文本连接的变量需要用键盘修改变量的数据时，可以增加文本的动画连接，添加模拟值输入，这样该文本既能显示变量的数据，也能修改变量的数据。添加模拟值输入后的动画连接如图 6-20 所示。

83

图 6-20 添加模拟值输入后的动画连接

通过前面可以看出,该文本既可以作为数字显示器,也可以作为数字输入键盘改变对应的变量。

为了说明数字显示器对应的变量,可以添加一个文本放在数字显示器的左面,用来说明该数字显示器对应的变量。

**注意**:文本的字号、颜色都可以通过属性改变。

利用同样的方法,可以创建数字显示器 M10、M12、M14、M18、M22,分别用来显示 PLC 的软元件 M10、M12、M14、M18、M22 的数据。

PLC1 最终的界面如图 6-21 所示。

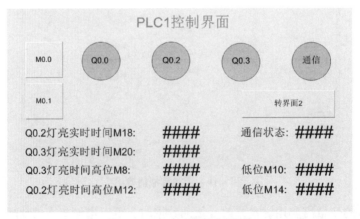

图 6-21 PLC1 最终的界面

利用同样的方法,也可以为 PLC2 创建控制界面,最终界面如图 6-22 所示。

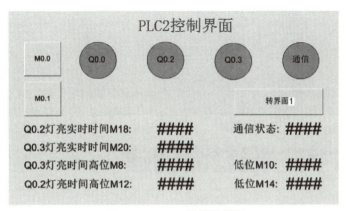

图 6-22　PLC2 的最终界面

**注意：** 当数字显示器只用来显示变量数值，而不改变变量数值时，可以只添加动画模拟量输出，不需要添加模拟量输入。

1. 在组态软件中，脚本程序的作用是什么？简述脚本程序的语法和常用函数。
2. 在组态软件中，设备变量和用户变量有什么区别？简述两种变量的创建方法。
3. 在组态软件中，指示灯可以显示开关量状态，也可以显示模拟量的不同数据范围，说明指示灯的不同定义方法。
4. 简述组态软件的多界面设计方法。

# 项目 7

# 组态软件实时报警窗创建

## 项目要求及目标

**项目目标：**

1. 理解实时报警窗的作用，即可以监视工业控制过程中各个参数的报警状态，克服了 PLC 无法直观观测各个参数报警状态的缺点，实现了工业过程的各个参数报警状态的直观监视。

2. 熟悉实时报警窗的设计方法。

**项目要求：**

1. 在项目 6 的组态软件中创建一个实时报警界面。设计一个开关量报警和模拟量报警。

2. PLC 程序同项目 6，组态软件可以对 PLC 的红绿灯控制程序启动、停止，也可以修改红绿灯的时间，并能显示红绿灯的时间变化。

3. 编写脚本程序，实现各个界面之间互相转换。

## 项目实施步骤

## 7.1 定义报警变量

**1. 开关量报警**

打开"数据词典"，选择报警变量"M100"并双击，弹出"变量属性"对话框，如图 7-1 所示。

在"报警"标签页中，勾选"离散"，如图 7-2 所示。

1）报警组：对不同的变量分配不同的报警组，方便查询。

2）优先级：出现多个报警时，根据优先级高低选择报警顺序。

3）报警类型：可以选择"关闭""打开""变化"。

**2. 模拟量报警**

打开"数据词典"，选择报警变量"M110"并双击，如图 7-3 所示。

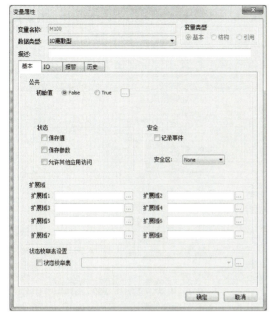 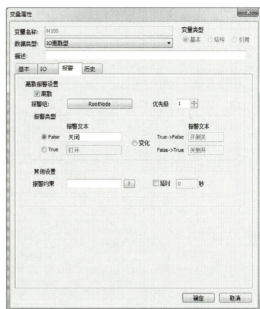

图 7-1　开关量变量属性　　　　　图 7-2　开关量变量报警属性

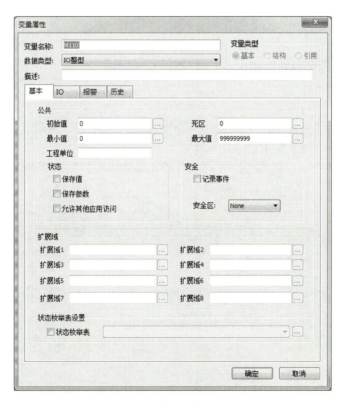

图 7-3　模拟量变量属性

在"报警"标签页中,可根据需要设置不同的报警选项,如图 7-4 所示。

87

图 7-4　模拟量变量报警属性

## 7.2　创建实时报警界面

### 1. 创建窗口

在"画面编辑器"中,选择"对象"→"扩展"→"报警窗",出现"+"形鼠标,拖动鼠标画一个报警窗,如图 7-5 所示。

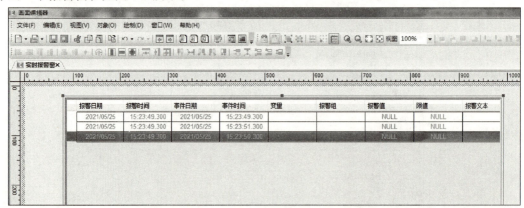

图 7-5　报警窗

报警窗的大小可以用鼠标拖动改变。

### 2. 设置报警窗的属性

单击鼠标右键,显示报警窗的"属性"菜单,如图 7-6 所示。

图 7-6 报警窗属性

将"WindowType"选择为"实时",报警窗成为实时报警窗,如图 7-7 所示。

图 7-7 报警窗的实时报警设置

将"WindowStyle"下拉列表选项全部勾选,可以显示报警窗的各种特性,如图 7-8 所示。

图 7-8　报警窗的实时报警格式设置

完整的报警窗如图 7-9 所示。

图 7-9　完整的报警窗

**3. 编辑报警窗的标题**

报警窗标题的修改分三步:

1）显示报警窗的属性。

2）选中报警窗，单击鼠标右键，在弹出的右键菜单中执行"编辑"命令，单击标题区，弹出标题区"属性"菜单如图 7-10 所示。

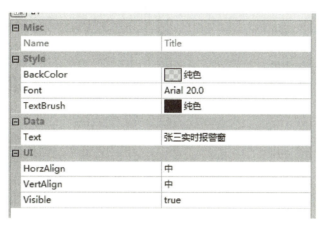

图 7-10　标题区"属性"菜单

3）修改标题区属性菜单的文本。

**4. 编辑报警窗的列表项目**

报警窗列表项目的增减分为以下四步。

1）显示报警窗的属性。

2）选中报警窗，单击鼠标右键，在弹出的右键菜单中执行"编辑"命令，单击列表区，弹出列表区"属性"菜单。

3）在列表区"属性"菜单中找到"Columns"，单击右侧出现列表的项目，如图 7-11 所示。

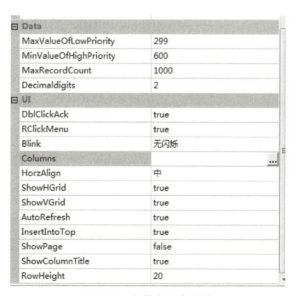

图 7-11　报警窗列表属性

4)单击"..."按钮,弹出"显示列"对话框,如图 7-12 所示。

图 7-12　报警窗列表项目

通过"添加"或者"移除",可以增加或者删除列表项目。

**5. 运行程序**

**6. 编写 PLC 程序并设置 PLC 连接机制**

PLC 程序同项目 5 一样,通过设置 PLC 连接机制,可以接受组态软件对其开关量和模拟量的控制。

 思考题

1. 实时报警的作用是什么?
2. 简述实时报警的设计步骤。

# 项目 8
# 组态软件的历史报警窗创建和报警查询

 项目要求及目标

**项目目标：**

1. 理解历史报警窗的作用，即可以记录工业控制过程中的报警历史，克服了 PLC 无法记录历史数据的缺点，实现了工业过程的历史数据保存。

2. 熟悉历史报警窗的设计方法。

**项目要求：**

1. 在项目 7 的组态软件中创建一个历史报警画面和报警查询画面，设计一个开关量报警和模拟量报警，实现对报警变量的历史记录和查询。

2. PLC 程序同项目 6，组态软件可以对 PLC 的红绿灯控制程序启动、停止，也可以修改红绿灯的时间，并能显示红绿灯的时间变化。

3. 编写脚本程序，实现各个界面的互相转换。

项目实施步骤

## 8.1 定义报警变量的记录属性

**1. 选择开关量报警步骤**

1）打开"数据词典"，选择报警变量"M100"，并双击，弹出"变量属性"对话框，如图 8-1 所示。

2）在"报警"标签页中，勾选"离散"，如图 8-2 所示。

3）一般情况下，在"历史"标签页中，选中"改变"，然后单击"确定"按钮，完成开关量报警的历史记录设置，如图 8-3 所示。

**2. 选择模拟量报警步骤**

1）打开"数据词典"，选择报警变量"M110"，并双击鼠标，弹出"变量属性"对话框，如图 8-4 所示。

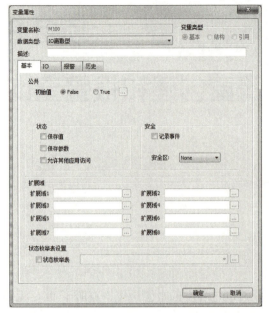

图 8-1　开关量变量属性　　　　　图 8-2　开关量报警设置

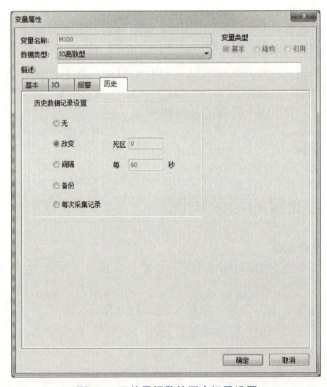

图 8-3　开关量报警的历史记录设置

项目8　组态软件的历史报警窗创建和报警查询

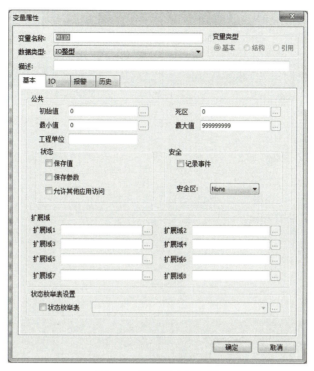

图 8-4　模拟量变量属性

2）在"报警"标签页中，根据需要，设置不同的报警选项，如图 8-5 所示。

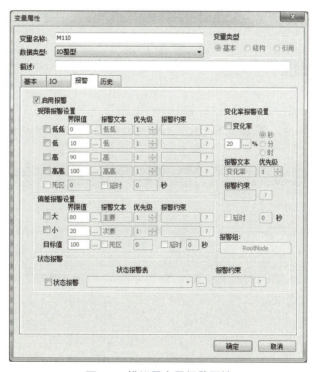

图 8-5　模拟量变量报警属性

3）一般情况下，在"历史"标签页中，选中"改变"，然后单击"确定"按钮，完成模拟量报警的历史记录设置，如图8-6所示。

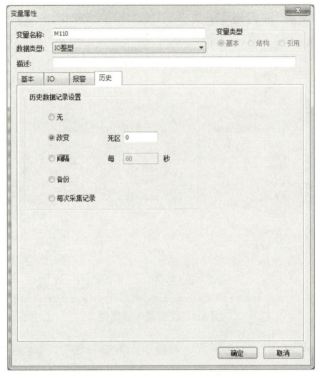

图 8-6　模拟量变量历史记录设置

## 8.2　创建历史报警界面

1）在"画面编辑器"中，选择"对象"→"扩展"→"报警窗"，出现"+"形光标，拖动光标画一个历史报警窗，如图8-7所示。历史报警窗的大小可以用鼠标拖动改变。

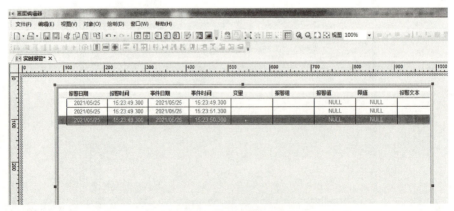

图 8-7　历史报警界面

2）单击鼠标右键，弹出报警窗的"属性"菜单，如图 8-8 所示。

图 8-8  历史报警窗属性

将"WindowType"设置为"历史"，该窗口变成报警的历史窗口，如图 8-9 所示。

3）在"WindowStyle"属性中，可以设置历史报警窗的"标题""状态""工具栏"。

完整的历史报警窗如图 8-10 所示。

4）编辑历史报警窗的标题。

历史报警窗标题的修改分三步：

第一步：显示历史报警窗的属性。

第二步：选中历史报警窗，单击鼠标右键，在弹出的右键菜单中执行"编辑"命令，单击标题区，弹出标题区"属性"菜单，如图 8-11 所示。

第三步：修改标题区"属性"菜单的文本。

图 8-9  报警历史窗口

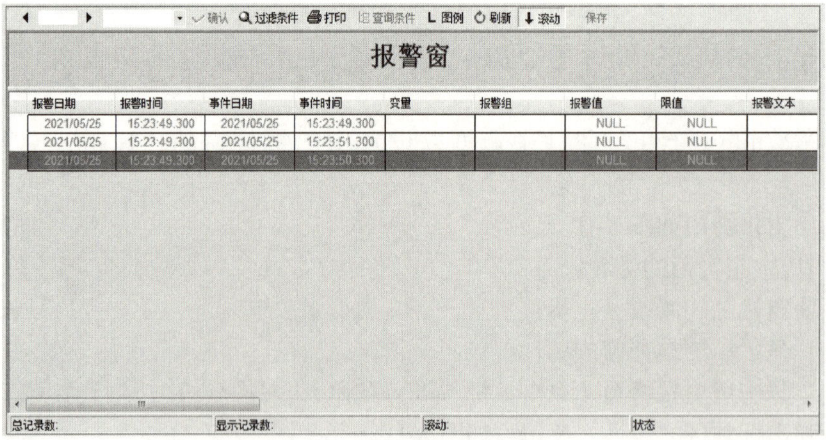

图 8-10  完整的历史报警窗

图 8-11 标题区"属性"菜单

5)编辑历史报警窗口的列表项目。

历史报警窗列表项目的增减分为四步：

第一步：显示历史报警窗的属性。

第二步：选中历史报警窗，单击鼠标右键，在弹出的右键菜单中执行"编辑"命令，单击列表区，弹出列表区"属性"菜单。

第三步：在列表区"属性"菜单中找到"Columns"，单击右侧出现列表的项目，如图 8-12 所示。

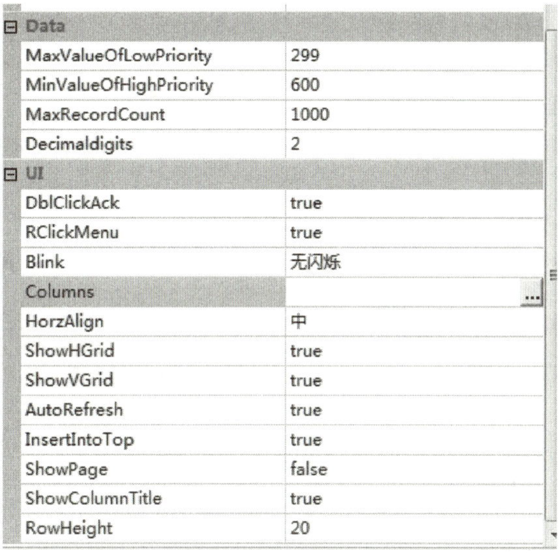

图 8-12 列表区项目

第四步：单击"..."按钮，弹出如图 8-13 所示对话框。

通过"添加"或者"移除"，可以增加或者删除列表项目。

6)运行程序。

7)编写 PLC 程序并设置 PLC 连接机制。PLC 程序同项目 5 一样，通过设置 PLC 连接机制，可以接受组态软件对其开关量和模拟量的控制。

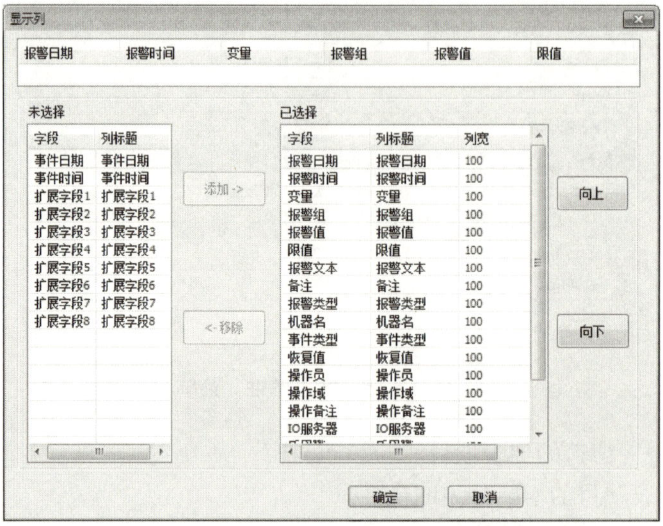

图 8-13 历史报警窗列表区属性

## 8.3 创建报警查询界面

报警查询的作用是在系统有许多报警的情况下，通过设定某些条件，查询是否有满足条件的报警。

1) 在"画面编辑器"中，选择"对象"→"扩展"→"报警窗"，出现"+"形光标，拖动光标画一个实时报警窗，如图8-14所示。

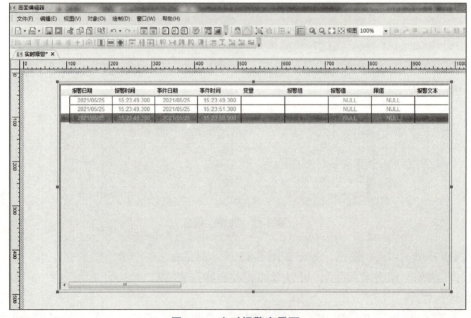

图 8-14 实时报警窗界面

窗口的大小可以用鼠标拖动改变。

2）用鼠标右键，弹出报警窗的"属性"菜单，如图 8-15 所示。

图 8-15　报警查询窗属性

将"WindowType"设置为"查询"，该窗变成报警的查询窗，如图 8-16 所示。

图 8-16　报警查询定义

3）选择窗的"WindowStyle"属性，可以显示窗的"标题""状态""工具栏"。完整的报警查询窗如图 8-17 所示。

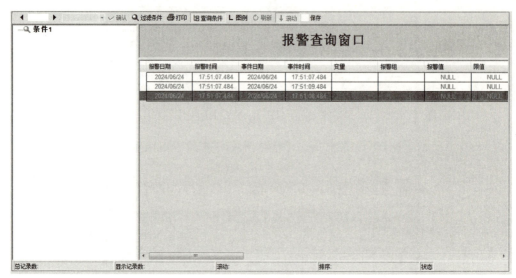

图 8-17　完整的报警查询窗

4）编辑报警查询窗的标题和列表项目，编辑方法同历史报警窗的编辑方法相同。

5）运行程序。

6）编写 PLC 程序并设置 PLC 连接机制。PLC 程序同项目 5 一样，通过设置 PLC 连接机制，可以接受组态软件对其开关量和模拟量的控制。

## 思考题

1. 历史报警的作用是什么？
2. 简述历史报警的设计步骤。
3. 查询历史报警的作用是什么？
4. 简述查询历史报警的设计步骤。

# 项目 9
# 组态软件事件窗口创建

### 项目要求及目标

**项目目标：**

1. 理解事件的概念。事件是不需要用户来应答的，KingSCADA3.53 中根据操作对象和方式的不同，分为以下几类：

（1）操作事件：用户对变量的值或变量其他域的值进行修改。

（2）登录事件：用户登录到系统，或从系统中退出登录。

（3）工作站事件：单机或网络站点上 KingSCADA3.53 运行系统的启动和退出。

2. 理解事件窗口的作用，即可以记录工业控制过程中的事件，实现了工业过程各种事件的数据保存。

3. 熟悉事件窗口的设计方法。

**项目要求：**

1. 在项目 8 的组态软件中创建一个事件画面。设计一个开关量事件和模拟量事件。

2. PLC 程序同项目 6，组态软件可以对 PLC 的红绿灯控制程序启动、停止，也可以修改红绿灯的时间，并能显示红绿灯的时间变化。

3. 编写脚本程序，实现各个界面的互相转换。

### 项目实施步骤

## 9.1 事件配置

操作事件配置过程：首先是选择变量，变量的变化产生事件；其次是配置事件，变量的变化产生什么事件；最后是输出事件，将产生的事件输出到窗口。

**1. 选择开关量事件步骤**

1）打开数据词典，选择报警变量"M0"，并双击，出现开关量"变量属性"对话框，如图 9-1 所示。

图 9-1 开关量"变量属性"对话框

2）在"安全"选项中，勾选"记录事件"，"安全区"可以选择"None"，如图 9-2 所示。

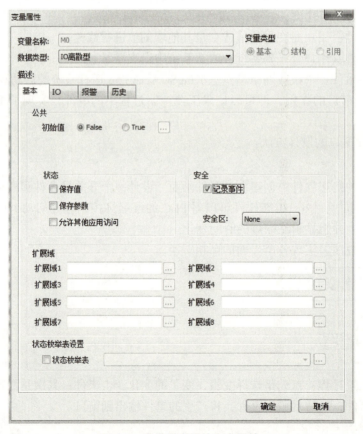

图 9-2 开关量变量的安全属性

3）在"服务端应用组"目录树中选择"系统设置"→"报警/事件库服务设置"选项并双击弹出对话框，进行"报警和事件数据存储设置"和"报警和事件数据库设置"，如图 9-3 和图 9-4 所示。

图 9-3　报警和事件数据存储设置

图 9-4　报警和事件数据库设置

**2. 选择模拟量事件步骤**

1）打开"数据词典",选择报警变量"M110",并双击,弹出"变量属性"对话框,如图 9-5 所示。

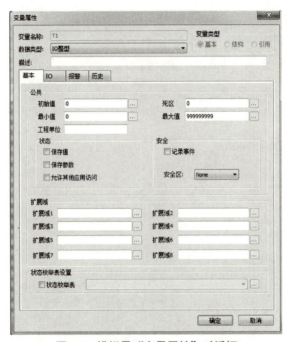

图 9-5 模拟量"变量属性"对话框

2）在"安全"选项组中,选中"记录事件",如图 9-6 所示。

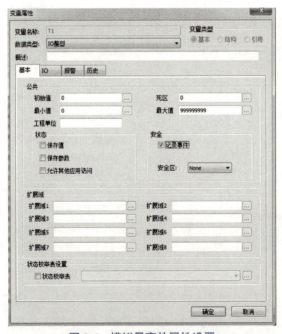

图 9-6 模拟量事件属性设置

## 9.2 创建事件输出界面

1）在"画面编辑器"中，选择"对象"→"扩展"→"事件窗"，出现"+"形光标，拖动光标画一个事件窗，如图 9-7 所示。

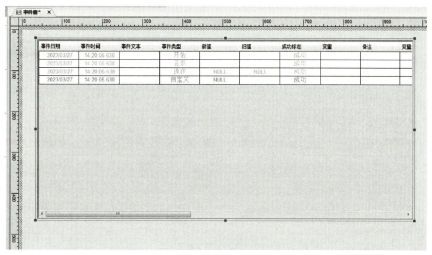

图 9-7 事件窗界面

2）单击鼠标右键，显示事件的"属性"菜单，如图 9-8 所示。

图 9-8 事件窗"属性"菜单

选择"WindowType",如图 9-9 所示。

图 9-9 事件属性设置

选择"实时",该窗口变成事件的实时窗口。如果选择"查询",可以变成事件的查询窗口,与报警的查询窗口一样,可以通过设置查询条件,查询各种事件发生的时间等。

3)在"WindowStyle"属性的下拉列表中,选中"显示标题""显示状态""显示工具栏"选项,如图 9-10 所示。

完整的事件窗如图 9-11 所示。

4)编辑事件窗的标题。

事件窗标题的修改分三步:

第一步:显示事件窗的属性。

项目9 组态软件事件窗口创建

图 9-10 事件窗显示属性设置

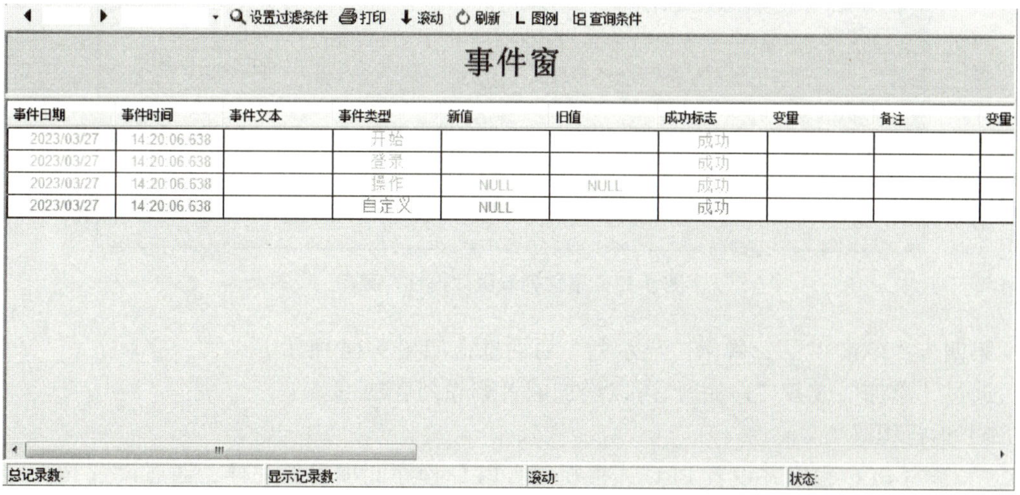

图 9-11 完整的事件窗

第二步：选中事件窗、单击鼠标右键，在弹出的右键菜单中执行"编辑"命令，单击标题区，弹出事件窗标题区"属性"菜单，如图 9-12 所示。

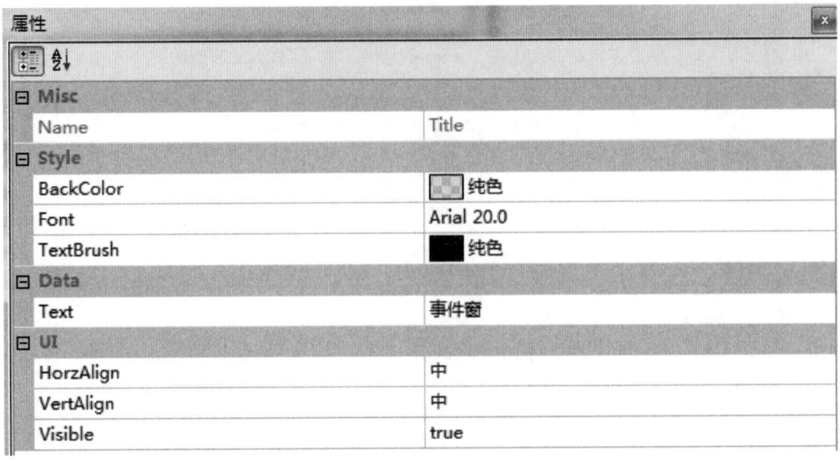

| 属性 | |
|---|---|
| **Misc** | |
| Name | Title |
| **Style** | |
| BackColor | 纯色 |
| Font | Arial 20.0 |
| TextBrush | 纯色 |
| **Data** | |
| Text | 事件窗 |
| **UI** | |
| HorzAlign | 中 |
| VertAlign | 中 |
| Visible | true |

图 9-12　事件窗标题属性界面

第三步：修改标题区"属性"菜单的文本。

5）编辑事件窗的列表项目。

事件窗列表项目的增减分为以下四步。

第一步：显示事件窗的属性。

第二步：选中事件窗，单击鼠标右键，在弹出的右键菜单中执行"编辑"命令，单击列表区，弹出列表区"属性"菜单。

第三步：在列表区"属性"菜单中找到"Columns"，如图 9-13 所示。

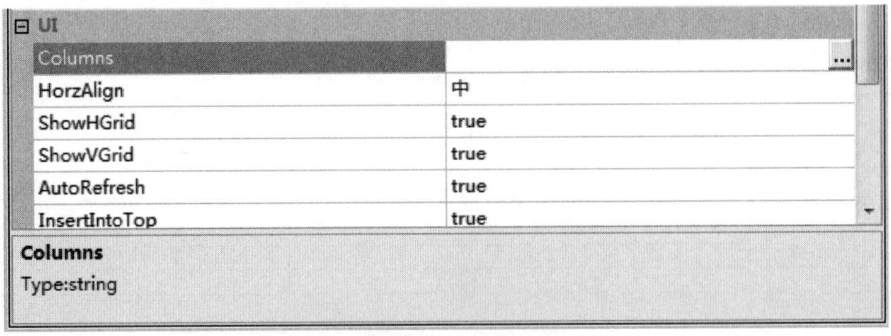

| **UI** | |
|---|---|
| Columns | ... |
| HorzAlign | 中 |
| ShowHGrid | true |
| ShowVGrid | true |
| AutoRefresh | true |
| InsertIntoTop | true |
| **Columns** | |
| Type:string | |

图 9-13　事件列表区"属性"菜单

第四步：单击"..."，弹出"显示列"对话框，如图 9-14 所示。

通过"添加"或者"移除"，可以增加或者删除列表项目。

6）运行程序。

7）编写 PLC 程序并设置 PLC 连接机制。PLC 程序同项目 5 一样，通过设置 PLC 连接机制，可以接受组态软件对其开关量和模拟量的控制。

# 项目9 组态软件事件窗口创建

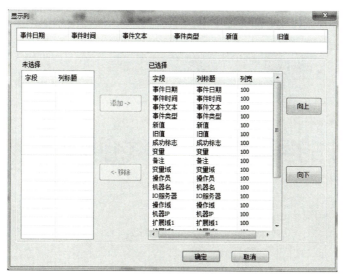

图 9-14 事件列表区选项界面

1. 事件的作用是什么？
2. 简述事件的设计步骤。

# 项目 10

# 组态软件的实时趋势曲线创建

### 项目要求及目标

**项目目标：**

1. 理解实时趋势曲线的作用。趋势曲线是用来反应变量随时间的变化情况。趋势曲线有两种：实时趋势曲线和历史趋势曲线。KingSCADA3.53 提供的趋势曲线既可以显示实时趋势曲线，又可以显示某一时间段的历史趋势曲线，并且提供了丰富的控件方法和控件事件，使趋势曲线的查询显得更加灵活、方便。

2. 熟悉实时趋势曲线的设计方法。

**项目要求：**

1. 在组态软件中创建实时趋势曲线画面。设计一个开关量和模拟量实时趋势曲线。

2. PLC 程序同项目 6，组态软件可以对 PLC 的红绿灯控制程序启动、停止，也可以修改红绿灯的时间，并能显示红绿灯的时间变化。

3. 编写脚本程序，实现各个界面的互相转换。

### 项目实施步骤

## 10.1 创建实时曲线界面

1) 在 KingSCADA3.53"画面编辑器"中创建新的界面，即趋势曲线。

2) 创建实时趋势曲线：在趋势曲线界面中，执行"对象"→"扩展图素"→"趋势曲线"命令，将光标移到界面中，光标呈"+"状，按住鼠标左键并拖动绘出一趋势曲线，如图 10-1 所示。

同时弹出"属性"菜单，如图 10-2 所示。

在属性"TrendMode"中，选择"实时模式"。这样该曲线就是实时趋势曲线。

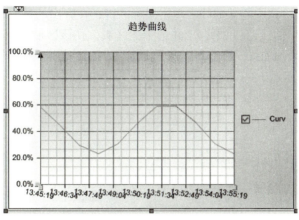

图 10-1 趋势曲线

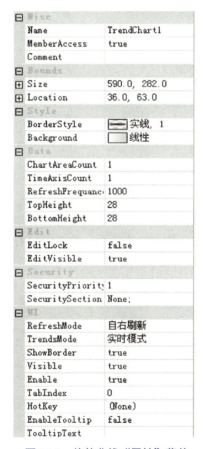

图 10-2 趋势曲线"属性"菜单

3）设置趋势曲线的标题栏：选中趋势曲线，单击鼠标右键，在弹出的菜单中执行"编辑"命令，单击标题栏（位于曲线窗口的上面），弹出标题栏"属性"菜单，修改属性"Text"为"实时趋势曲线"。如图 10-3 所示。这样曲线的标题就修改完成了。

4）添加趋势曲线：选中趋势曲线，单击鼠标右键，在弹出的菜单中执行“编辑”命令，鼠标单击网格区（位于曲线窗口中间），并选中此区域，在该区域中单击鼠标右键，在弹出的右键菜单中执行“添加曲线”命令。这样就添加了一条趋势曲线，同时弹出趋势曲线“属性”菜单，如图 10-4 所示。

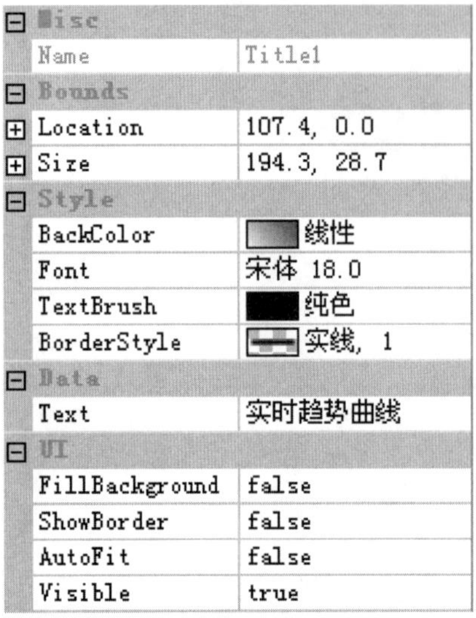

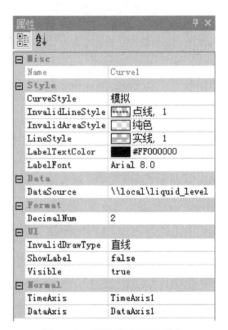

| | |
|---|---|
| ⊟ Misc | |
| Name | Title1 |
| ⊟ Bounds | |
| ⊞ Location | 107.4, 0.0 |
| ⊞ Size | 194.3, 28.7 |
| ⊟ Style | |
| BackColor | 线性 |
| Font | 宋体 18.0 |
| TextBrush | 纯色 |
| BorderStyle | 实线, 1 |
| ⊟ Data | |
| Text | 实时趋势曲线 |
| ⊟ UI | |
| FillBackground | false |
| ShowBorder | false |
| AutoFit | false |
| Visible | true |

图 10-3　标题栏属性设置

属性

| | |
|---|---|
| ⊟ Misc | |
| Name | Curve1 |
| ⊟ Style | |
| CurveStyle | 模拟 |
| InvalidLineStyle | 点线, 1 |
| InvalidAreaStyle | 纯色 |
| LineStyle | 实线, 1 |
| LabelTextColor | #FF000000 |
| LabelFont | Arial 8.0 |
| ⊟ Data | |
| DataSource | \\local\liquid_level |
| ⊟ Format | |
| DecimalNum | 2 |
| ⊟ UI | |
| InvalidDrawType | 直线 |
| ShowLabel | false |
| Visible | true |
| ⊟ Normal | |
| TimeAxis | TimeAxis1 |
| DataAxis | DataAxis1 |

图 10-4　趋势曲线属性菜单

在“DataSource”属性中，连接“M100”变量，曲线颜色设置为绿色。这样，该曲线就是变量 M100 的实时曲线。其他属性可根据需要设置。

5）编辑现有趋势曲线属性：选中趋势曲线，单击鼠标右键，在弹出的菜单中执行“编辑”命令，用鼠标单击网格区需要编辑的趋势曲线，出现趋势曲线的“属性”菜单，同 4）中对趋势曲线属性的修改一样，可以修改数据源、颜色、虚线等属性。

6）最后的实时趋势曲线效果如图 10-5 所示。

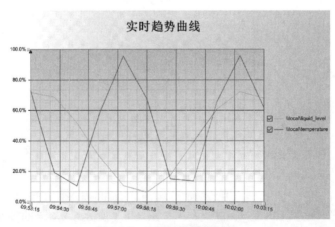

图 10-5　实时趋势曲线效果

**注意**：实时趋势曲线中的横轴是时间，纵轴是变量的百分比。变量的百分比是变量的数值与其最大值的百分比。一般情况下，IOShort 类型变量的最大值默认为 999999999，如果变量的最大值没有修改，或者设置不合理，百分比大于 1 或者约等于 0，曲线将无法显示。变量最大值的修改需要修改两个地方：变量基本属性的最大值和变量 IO 属性的最大值，分别如图 10-6 和图 10-7 所示。

图 10-6　变量基本属性的最大值

图 10-7　变量 IO 属性的最大值

7）趋势曲线坐标轴的编辑：选中趋势曲线，单击鼠标右键，在弹出的菜单中执行"编辑"命令，单击网格区的横轴，出现时间轴（横轴）的"属性"菜单，如图 10-8 所示，可以修改时间轴的范围、字体等属性。同样，也可以显示数据轴（纵轴）的"属性"菜单，如图 10-9 所示，可以改变数据轴的最大值和最小值等。

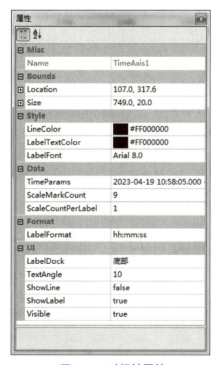

图 10-8　时间轴属性

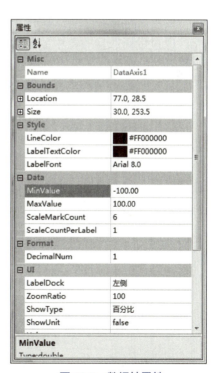

图 10-9　数据轴属性

8）运行中时间轴属性的修改。变量的趋势曲线在实时曲线窗口的显示同示波器一样，可以显示幅值、周期等参数。前面在编辑状态下设置的窗口属性在运行时都是不变的。但实际应用中对这些曲线的查看同示波器一样，需要根据需要调整显示的范围，也就是需要实时调节坐标轴的范围，所以需要增加坐标轴的调节按钮。

在实时曲线的窗口下面添加一个按钮，如图 10-10 所示，按钮文本为"实时曲线时间轴设置"，该按钮的功能与示波器的扫描时间按钮一样，可以改变横轴的时间显示范围。

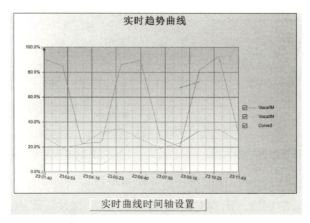

图 10-10 增加时间轴设置的按钮

为了实现按钮的功能，添加按钮的动画连接。用鼠标双击该按钮，添加"鼠标弹起"的动画连接。该按钮的脚本程序如图 10-11 所示。注意：该段程序的"TrendChart1"是曲线窗口的名字，通过鼠标选择对象中的名称就可以自动输入。当窗口中有多个趋势图时，注意区分每个趋势图的作用。在输入对象后，用英文输入'.'，屏幕中就会显示该对象的很多函数，如图 10-12 所示。选择"SetTimeAxisDialog"函数，显示如图 10-13 所示。

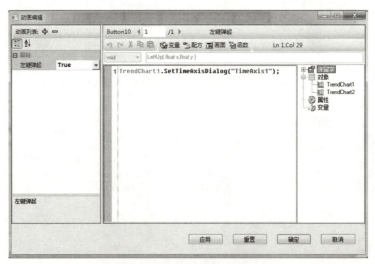

图 10-11 时间轴设置的脚本程序

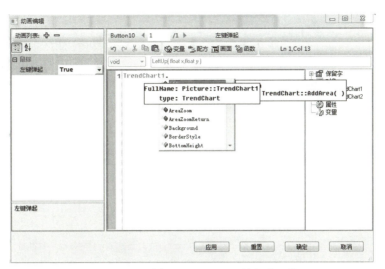

图 10-12 对象 TrendChart1 的各种函数

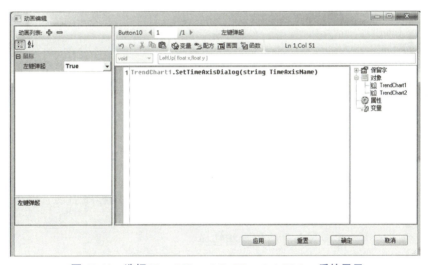

图 10-13 选择 TrendChart1.SetTimeAxisDialog 后的显示

利用鼠标选择输入"TrendChart1.SetTimeAxisDialog（string TimeAxisName）"后，将对象 TrendChart1 的时间轴名称复制，替换 string TimeAxisName 就可以了。最后的程序就是前面图 10-11 所示的结果。该程序的功能就是弹出趋势曲线的时间轴对话框，从而设置时间轴的范围。

9）编写 PLC 程序并设置 PLC 连接机制。PLC 程序同项目 5 一样，通过设置 PLC 连接机制，可以接受组态软件对其开关量和模拟量的控制。

## 思考题

1. 简述趋势曲线控件的其他属性和方法。
2. 简述动态添加曲线、删除曲线、缩短时间轴的跨度。

## 项目 11

# 组态软件历史趋势曲线窗口设计

### 📋 项目要求及目标

**项目目标：**

1. 理解历史趋势曲线的作用。它可以记录工业控制过程中的各种变量，并用曲线显示各个变量的变化。

2. 熟悉历史趋势曲线的设计方法。

**项目要求：**

1. 在组态软件中创建一个历史趋势曲线界面。设计一个历史趋势曲线，并能查询开关量和模拟量的趋势曲线。

2. PLC 程序同项目 6，组态软件可以对 PLC 的红绿灯控制程序启动、停止，也可以修改红绿灯的时间，并能显示红绿灯的时间变化。

3. 编写脚本程序，实现各个界面的互相转换。

### 🔧 项目实施步骤

## 11.1 定义变量的记录属性

**1. 定义开关量的记录属性**

要想查询变量的历史趋势曲线，就需要定义变量的记录属性。

在 KingSCADA3.53 工程设计器中双击"M100"变量，弹出"变量属性"对话框，选择"历史"选项卡，进行历史数据记录设置，如图 11-1 所示。

当"M100"值变化时，系统自动保存该数值。

**2. 定义模拟量的记录属性**

双击模拟量"M10"变量，弹出"变量属性"对话框，选择"历史"选项卡，进行历史数据记录设置，如图 11-2 所示。当"M10"值变化时，系统自动保存该数值。

图 11-1　开关量历史数据记录设置

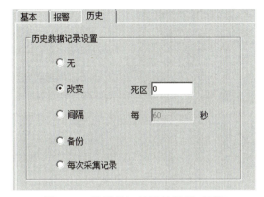

图 11-2　模拟量记录属性设置对话框

## 11.2　创建历史趋势曲线界面

1）在 KingSCADA3.53 "画面编辑器"中创建新的界面，即历史趋势曲线。

2）创建历史趋势曲线：在图形编辑器中，执行"对象"→"扩展图素"→"趋势曲线"命令，将光标移到界面中，光标呈'+'状，按住鼠标左键并拖动绘出一历史趋势曲线，如图 11-3 所示。

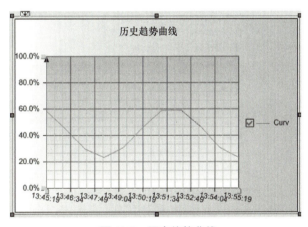

图 11-3　历史趋势曲线

同时弹出"属性"菜单，如图 11-4 所示。

在属性"TrendMode"中选择"历史模式"，这样该曲线就是历史趋势曲线，其他属性可根据需要设置。

3）设置趋势曲线的标题栏：选中历史趋势曲线，单击鼠标右键，在弹出的菜单中执行"编辑"命令，单击标题栏（位于曲线窗口的上面），弹出标题栏"属性"菜单，如图 11-5 所示。

4）添加历史趋势曲线：选中图 11-3 曲线窗口，单击鼠标右键，在弹出的菜单中执行"编辑"命令，单击网格区（位于曲线窗口中间）选中此区域，在该区域中单击鼠标右键，在弹出的右键菜单中执行"添加曲线"命令，选中添加的历史趋势曲线后同时弹出历史趋势曲线"属性"菜单，如图 11-6 所示。

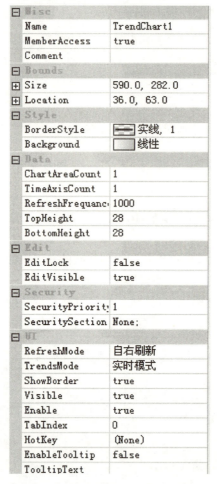

图 11-4　历史趋势曲线"属性"菜单

图 11-5　标题栏属性设置

在"DataSource"属性中连接"M100"变量，曲线颜色设置为绿色。其他属性可根据需要设置。

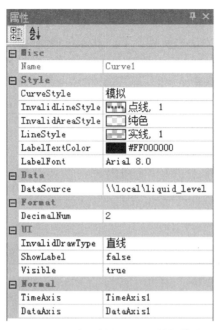

图 11-6 历史趋势曲线"属性"菜单

5）编辑现有历史趋势曲线属性：选中历史趋势曲线，单击鼠标右键，在弹出的菜单中执行"编辑"命令，单击网格区中需要编辑的曲线，出现该曲线的属性，同4）中对曲线属性的修改一样，可以修改数据源、颜色、虚线等属性。

6）最后的历史趋势曲线效果如图 11-7 所示。

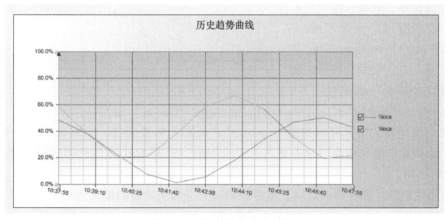

图 11-7 历史趋势曲线效果

7）程序运行：程序运行时，可以利用鼠标选择坐标的横轴和纵轴，改变时间范围和数值大小。但操作复杂，可以利用按钮的脚本程序，实现快速对坐标的数据查询。

## 11.3  趋势曲线查询

前面介绍了在开发环境下的趋势曲线设置，在运行环境下要想查询、打印曲线必须通过 KingSCADA3.53 提供的图素方法来实现，下面具体介绍使用方法。

在 KingSCADA3.53 图形编辑器中打开"历史趋势曲线"界面，并在"历史趋势曲线"下添加 5 个按钮，按钮属性设置如下：

**1. 按钮文本：曲线查询**

"按钮左键弹起"动画连接：

TrendChart2.SetTimeAxisDialog("TimeAxis1");

执行此方法后弹出对话框，如图 11-8 所示。

在"设置时间参数"对话框中设置时间轴显示的起始时间、结束时间、时间跨度及单位。

图 11-8  设置时间参数对话框

**2. 按钮文本：曲线打印**

"按钮左键弹起"动画连接：

TrendChart2.PrintChart（）；

**3. 按钮文本：获取曲线最大值**

"按钮左键弹起"动画连接：

Max = TrendChart2.GetCurveStatisticInTimeAxis("Curve1"，2，1)；

**注意**：执行此方法，可以得到 Curve1 对应的变量的最大值。但编写此按钮的脚本程序之前，必须在"数据词典"中新建内存变量 Max。只有 Max 存在时才能将该值赋予变量 Max，否则报错。

如果曲线坐标系中有两条曲线，也可以同时获得两条曲线的最大值。获取第二条曲线最大值的程序为：

Max 2= TrendChart2.GetCurveStatisticInTimeAxis("Curve2"，2，1)；

**4. 按钮文本：获取曲线最小值**

"按钮左键弹起"动画连接：

Min = TrendChart2.GetCurveStatisticInTimeAxis("Curve1"，1，1)；

执行此方法，可以得到 Curve1 对应的变量的最小值，并将该值赋予变量 Min。同获取最大值一样，需要注意：必须在"数据词典"中新建内存变量 Min。只有 Min 存在时才能将该值赋予变量 Min，否则报错。

**5. 按钮文本：获取曲线平均值**

"按钮左键弹起"动画连接：

Average = TrendChart2.GetCurveStatisticInTimeAxis（"Curve1"，3，1）;

执行此方法，可以得到 Curve1 对应的变量的平均值，并将该值赋予变量 Average。与获取最大值一样，需要注意：必须在"数据词典"中新建内存变量 Average。只有 Average 存在时才能将该值赋予变量 Average，否则报错。

**6. GetCurveStatisticInTimeAxis 函数用法**

前面 5 个按钮的脚本程序都用到了函数 GetCurveStatisticInTimeAxis。该函数的定义为：

Float GetCurveStatisticInTimeAxis（string CurveName，int iStatisticType，int iValueType）

其中，CurveName 为曲线名称；iStatisticType 为获取统计值类型，其参数的含义见表 11-1；iValueType 为获取值类型，1 表示获取实际值，2 表示获取百分比值。

返回值说明：返回时间轴范围内的曲线最小值、最大值或平均值。iValueType=1 返回实际值，iValueType=2 返回百分比值（按变量的实际量程范围计算）。无论数据轴是实际值模式，是自适应模式，还是百分比模式，实际值、百分比值都可以获取。−1 为输入参数非法，也有可能算出来的统计值为 −1，无法区别。

表 11-1  iStatisticType 参数含义

| 参数值 | 含义 |
| --- | --- |
| 1 | 获取时间轴范围内趋势的最小值 |
| 2 | 获取时间轴范围内趋势的最大值 |
| 3 | 获取时间轴范围内趋势的平均值 |

**7. 查询结果的显示及初始值**

前面介绍了查询函数的应用。查询结果的显示同项目 5 中模拟值的显示一样，可以利用文本的动画连接、模拟值输出，实现查询数值的显示。当坐标系中有多条曲线时，可以用与曲线相同的颜色代表某条曲线的查询结果。

内存变量的初始值：前面在"数据词典"中创建的内存整型变量 Max、Min、Average，相当于 C 语言中的全局变量，在历史趋势曲线界面中可以通过曲线的参数查询，得到一个新的数值并显示。但在查询之前，希望有一个初始值是 0，而不是随机数。所以有必要对界面打开时给查询数据一个初值。在历史趋势曲线界面打开时，设置内存变量初始值的方法如下：

1）显示历史趋势曲线界面的连接属性：在历史趋势曲线界面的空白处单击鼠标右键，出现画面的属性菜单，如图 11-9 所示。选择"连接"，出现界面的"连接"属性，如图 11-10 所示。该"连接"属性也可以通过菜单的"视图"→"连接"显示出来。

"连接"的作用是给历史趋势曲线界面添加多种功能，实现操作者在这个历史趋势曲线界面的各种功能要求。比如本项目的要求是在历史趋势曲线界面打开时,界面上的查询数值为 0,因为没有查询就不要显示随机数。

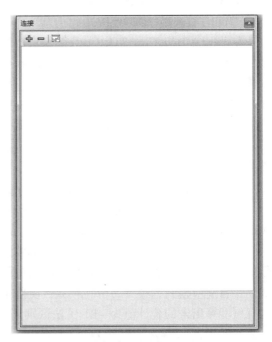

图 11-9　历史趋势曲线的属性菜单　　　　图 11-10　历史趋势曲线的"连接"属性

2)为了在历史趋势曲线界面打开时,给查询数值 Max、Min、Average 赋值为零。可以给界面添加动画,单击"连接"属性左上角的"+",出现连接的多个功能,可以给曲线界面增加各种功能,如图 11-11 所示。

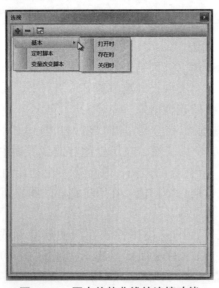

图 11-11　历史趋势曲线的连接功能

本项目的要求是：在历史趋势曲线界面打开时，Max、Min、Average 赋值为零，所以选择"打开时"选项，如图 11-12 所示。在这个对话框中可以编写程序，实现在历史趋势曲线界面打开时的功能。按照项目要求，编写程序如下：

Max=0;

Min=0;

Average=0;

这段程序就实现了历史趋势曲线界面打开时，各个查询数值的初值等于零。

通过这段程序，可以理解组态软件的开放性。通过"连接"属性，可以给组态软件的各个界面在打开时、存在时、关闭时添加功能，还可以增加定时功能、变量改变后的各种功能，真正实现了组态软件的开放性。

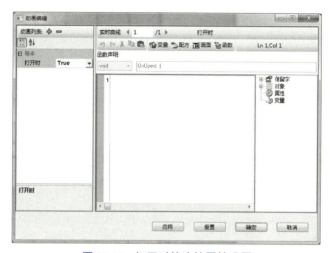

图 11-12　打开时的连接属性设置

最后的历史趋势曲线界面的效果如图 11-13 所示。在这个界面中，通过设置曲线查询的时间段，得到变量在该时间段的变化曲线，还可以通过程序设置几个查询按钮，实现对曲线的最大值、最小值、平均值的查询。

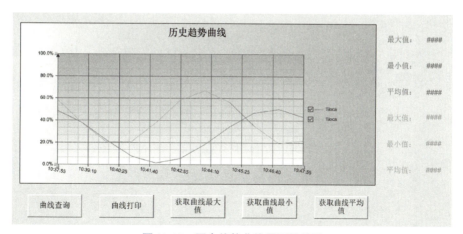

图 11-13　历史趋势曲线界面的效果

**8. 编写 PLC 程序并设置 PLC 连接机制**

PLC 程序同项目 5 一样，通过设置 PLC 连接机制，可以接受组态软件对其开关量和模拟量的控制。

### 思考题

1. 历史趋势曲线的作用是什么？
2. 简述历史趋势曲线的设计步骤。
3. 界面的连接功能有哪些？
4. 组态软件的开发性是如何实现的？

# 项目 12

# 组态软件报表系统设计

 **项目要求及目标**

**项目目标:**

1. 理解报表系统的作用。数据报表是生产过程中必不可少的一个部分,利用报表系统可将生产过程中产生的实时和历史数据记录并查询,以一定格式输出给用户。它是反映生产过程中的数据、状态等,并对数据进行记录的一种重要形式。

2. 熟悉报表系统的设计方法。

**项目要求:**

1. 在组态软件中创建一个报表画面。提供内嵌式报表系统,工程人员可以任意设置报表格式并通过系统提供的报表函数在报表中实现运算、数据转换、统计分析和打印等操作。

2. PLC 程序同项目 6,组态软件可以对 PLC 的红、绿灯控制程序启动、停止。也可以修改红、绿灯的时间,并能显示红、绿灯的时间变化。PLC 的开关量和模拟量能在组态软件的报表中显示。

 **项目实施步骤**

## 12.1 报表建立与配置

1)新建一个画面,并命名为报表界面。选择工具箱中"报表"(也可以通过菜单中的"对象"→"扩展"→"报表"),在界面上绘制一个报表,如图 12-1 所示。

2)报表属性:选中报表,单击鼠标右

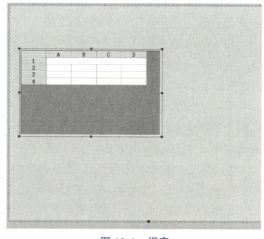

图 12-1 报表

键,在弹出的右键菜单中执行"属性"命令,弹出报表窗口的"属性"菜单,如图12-2所示。

Name:设置报表窗口的名称,默认为Report1。

RowCount:设置报表窗口的行数。最小行数为1,开发环境下能设置的最大行数为1000行,运行环境下能显示的最大行数为20000行。开发环境下,如果输入小于1的数字,自动变为1;如果输入大于1000的数字,自动变为1000。

ColumnCount:设置报表窗口的列数。最小列数为1,开发环境下能设置的最大列数为128列,运行环境下能显示的最大列数为128列。开发环境下,如果输入小于1的数字,自动变为1;如果输入大于128的数字,自动变为128。

HeadRowCount:设置报表显示的头标题行数,若该项设置为2,则查询出来的数据从第3行开始显示;默认为0,表示查询出来的数据从第1行开始显示。

TailRowCount:设置报表显示的尾标题行数,作用同头标题行数。

ShowRowTitle:设置报表中是否显示行号,如:1,2,3,4,…。

ShowColumnTitle:设置报表中是否显示列号,如:A,B,C,D,…。

ShowInvalidData:设置报表中是否显示无效值。True表示在关机或通信失败时段显示该时段之前的最近一个有效数据的值;False表示在报表窗口中不显示变量通信失败或者关机时段的数据,显示'——'。

ShowTagTitle:设置在运行环境中,查询历史数据并生成报表时,在报表中是否显示变量名称。

TimeStampFormat:设置在运行环境中,查询历史数据并生成报表时,在报表中显示的时间格式。

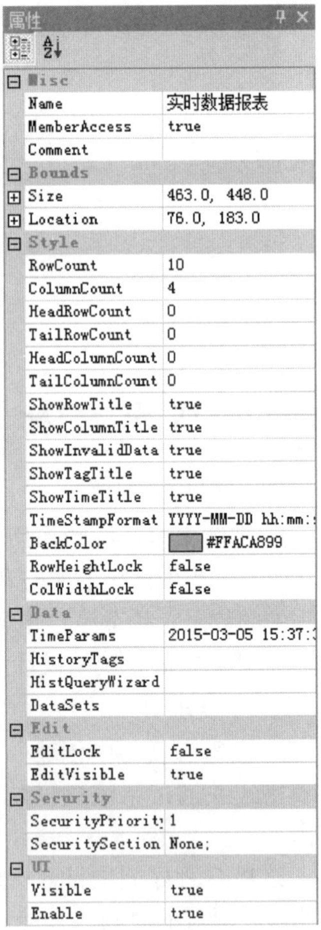

图12-2 报表"属性"菜单

TimeParams:单击该项后面的按钮,弹出对话框,如图12-3所示,在该对话框中设置报表查询的开始时间、结束时间及查询的时间间隔。

HistoryTags:单击此项后面的按钮弹出对话框,如图12-4所示。

双击"变量名称"下面的单元格后,在弹出的变量选择器中选择添加的变量即可,也可以按下键盘上的<Delete>键删除添加的变量。注意:该对话框中的变量一定是具有历史记录的变量。

3)报表编辑:选中报表,单击鼠标右键,在弹出的右键菜单中执行"编辑"命令,弹出"报表工具栏"对话框,如图12-5所示。

报表工具栏主要是针对报表单元格进行编辑,包括剪切、复制、拷贝、对齐方式、合并单元格、拆分单元格等,下面只介绍几种常用工具的使用方法:

# 项目12 组态软件报表系统设计

图 12-3 报表查询设置

图 12-4 报表变量设置

图 12-5 "报表工具栏"对话框

📂：单击该按钮，弹出文件选择对话框，在对话框中选择一个已存在的报表模板文件（.rtl）并将其打开，此时该报表模板被加载到当前报表中。

💾：当某个报表编辑完成后，单击该按钮，将当前报表存储为一个报表模板文件，供用户调用。

✗：单击该按钮取消上一次对报表单元格的输入操作。

✓：在文本编辑框中（即：工具栏的空白处）输入文本内容后，单击该按钮将文本内容输入到当前单元格中。当选中一个已经有内容的单元格时，该内容会自动出现在文本编辑框中，可以对原文本进行修改后重新输入到单元格中。

🗔：单击该按钮弹出变量选择对话框，选择要查询实时数据的变量。在运行环境中可以看到该变量的实时值，或者在某个单元格中直接输入变量的名称，输入格式为：=\\local\tag name。

$f_x$：单击该按钮，弹出报表内部"函数选择"对话框，如图 12-6 所示。

报表内容函数只能应用在报表单元格中，

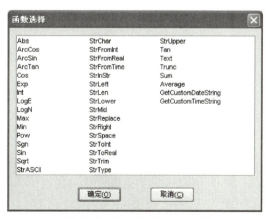

图 12-6 "函数选择"对话框

有数学函数、字符串函数、统计函数等,它们基本上都来自 KingSCADA 的系统函数,使用方法相同,只是参数发生了变化,通常使用单元格的名称作为函数的参数。

若是任选多个单元格,则使用方法为用逗号将各个单元格分隔,如 sum('a1','b1','c1')。

如果选择的为连续的单元格,可以输入第一个单元格名称和最后一个单元格名称,中间用冒号分隔,如 sum('a1:c10')。

在使用报表内部函数时,函数参数也可以使用 KingSCADA 变量来代替,如 sum(\\local\tag1,\\local\tag2)。

合并单元格中的数值无论对齐方式如何,在进行函数运算时,合并单元格中的数值都将放在左上角被运算。图 12-7 所示为包含合并单元格的实时报表。

|   | A | B | C |
|---|---|---|---|
| 1 | =Sum('b2,b3') | | |
| 2 | aa0 | =\\local\a0 | =\\local\a0 |
| 3 | aa1 | | =\\local\a1 |

图 12-7 包含合并单元格的实时报表

其中:A1、B1 和 C1 为合并单元格;B3 和 C3 为合并单元格;假设表中的变量 \\local\a0=1、\\local\a1=1,那么 KingSCADA 运行时,下面运算求和的结果为:

Sum('b2:b3')= 2,因为 B3 和 C3 为合并单元格,根据合并单元格中的数值都将按照左上角的单元格运算的规则,B3 的数值等于 \\local\a1=1,C3 的数值为空,所以 Sum('b2:b3')= \\local\a0+\\local\a1=2。

Sum('c2:c3')= 1,因为 B3 和 C3 为合并单元格,C3 的数值为空,所以 Sum('c2:c3')= \\local\a0=1。

Sum('b2:b3')的运行结果赋值给 A1、B1、C1 合并单元格中,其实就是赋值给 A1 单元格中。

4)报表中某一个格的编辑:在报表处于编辑状态时,选中单元格后,单击鼠标右键,弹出右键菜单,如图 12-8 所示。

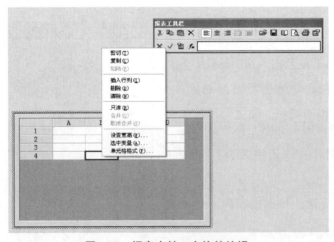

图 12-8 报表中某一个格的编辑

右键菜单中的命令功能与工具箱的按钮功能一致，下面只介绍只读命令。

只读：KingSCADA 报表在系统运行过程中，用户可以直接在报表单元格中输入数据，修改单元格内容。为防止用户修改不允许修改的单元格内容，报表为单元格提供了一个保护属性——只读。

在开发环境中进行报表组态时，选择要保护的单元格区域，单击鼠标右键，在弹出的快捷菜单中选择"只读"选项，被保护的单元格在系统运行时不允许修改单元格内容。要查看某个单元格是否被定义为只读属性，方法为在单元格上单击鼠标右键，若右键菜单上的"只读"项前有"P"符号，则表明该单元格被定义了只读属性，再次选择该菜单项时取消保护属性。

## 12.2 实时数据报表建立

**1. 建立报表和表头**

在报表界面中，选择工具栏中"文本"，在界面上输入文字：实时数据报表。选择工具栏中的"报表"，在界面上绘制一个实时数据报表，如图 12-9 所示。

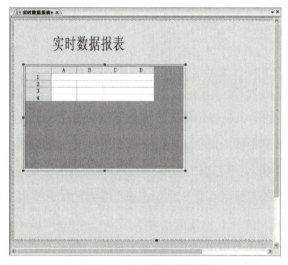

图 12-9 实时数据报表界面

在"属性"菜单中，将"RowCount"后面的数字改为 10；"ColumnCount"后面的改为 4。

**2. 表格中变量的编辑**

选中报表，单击鼠标右键，选择"编辑"，进入表格编辑状态。选中 A1 到 J1 的单元格区域，执行报表工具栏中的"合并单元格"命令，并在合并完成的单元格中输入静态文本"实时数据报表"。

利用同样的方法输入其他静态文本，如图 12-10 所示。

插入动态变量，在 B2 单元格中输入：=\\local\$Date，利用同样方法输入其他动态变量，如图 12-11 所示。

单击"文件"菜单中"全部保存"命令，保存所做的设置。

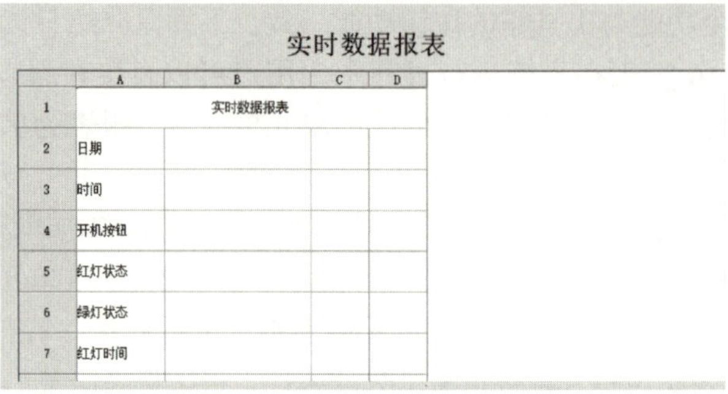

图 12-10 实时数据报表的静态文本

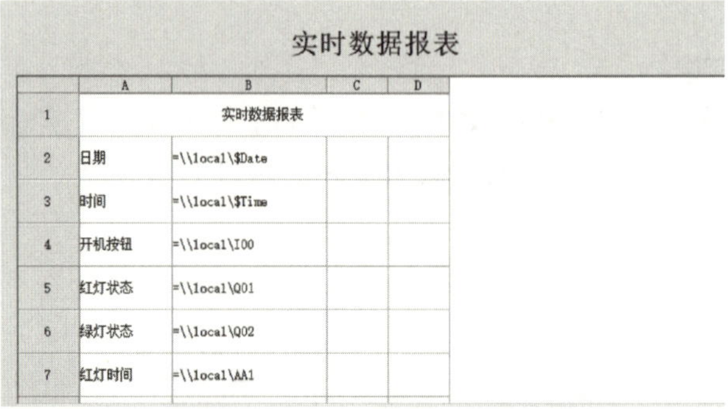

图 12-11 实时数据报表的动态变量

备注1：表格中变量的编辑是通过图12-5的"报表工具栏"对话框进行的。如果输入静态文本，可以直接在对话框中输入文本，在按下按钮 ✓ 后，完成输入。如果输入某个变量，可以同输入静态文本一样输入，但这种方法麻烦，需要准确输入变量的名字。还有一种简单的方法：可以通过按钮 📋 打开"变量"菜单、选择需要的实时变量，并在按下按钮 ✓ 后，完成输入。在输入变量时，如果变量名前没有添加"="符号的话，此变量被当作静态文字处理。利用对话框的其他按钮，还可以实现变量的编辑、删除、函数等功能。

备注2：表格的高度和宽度编辑。在表格编辑状态下，选择需要编辑的表格，单击鼠标右键弹出表格属性菜单，如图12-12所示，通过"设置宽高"改变表格的宽度和高度。

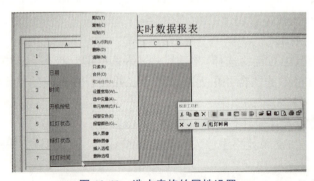

图 12-12 选中表格的属性设置

**3. 系统运行**

单击"文件"菜单中"运行系统"命令，进入运行系统。系统默认运行的界面可能不是刚刚编辑完成的"实时数据报表"，可以通过运行界面中"画面"菜单中"打开"命令将其打开后运行，如图 12-13 所示。

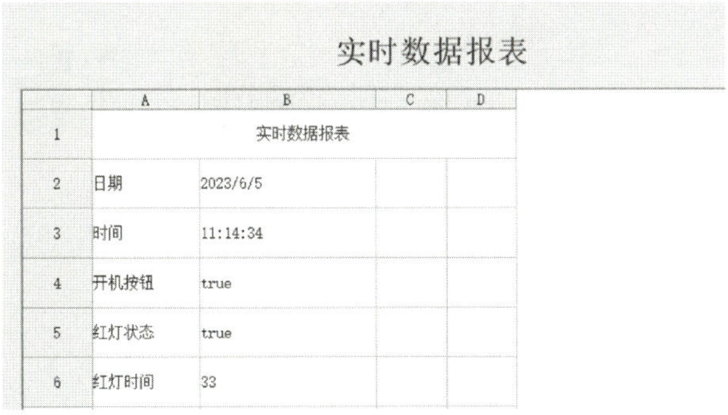

图 12-13　实时数据报表运行图

**4. 实时数据报表打印**

在"实时数据报表"界面中添加一个按钮，按钮文本为"打印预览"。

在"左键按下"中输入如图 12-14 所示命令（先选中对象中实时数据报表，然后用键盘输入"."，就弹出表格的多个函数；在弹出的对话框中选择"Preview"函数，就可以实现打印预览）。注意：此处的输入方式与前面的输入不一样，数据报表的名字在右侧对象中用鼠标单击后就可以了。

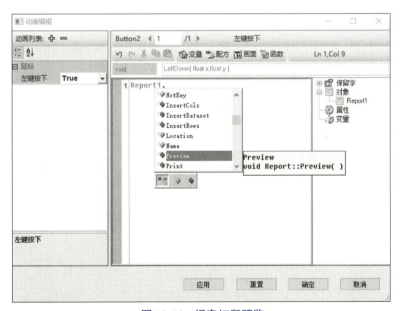

图 12-14　报表打印预览

在"实时数据报表"界面中另添加一个按钮，按钮文本为"打印"。在"左键按下"中输入如图 12-15 所示命令（先选中对象中实时数据报表，然后键入"."，在弹出的对话框中选择 Print 功能)。单击"确定"按钮关闭命令语言编辑框。当系统处于运行状态时,单击此按钮数据报表将被打印出来。

图 12-15　报表打印

**5. 报表存储、导入**

根据以上报表函数,如果建立好的报表需要存储,用以下函数:ReportSaveAs(string strFileName);

其中,strFileName:指定导出报表文件的完整路径,支持 rtl、csv、xls 后缀名的文件。

举例:Report1.ReportSaveAs("D:\\Report Files\History Report1.rtl");

将报表导出到 D:\\Report Files 目录下,文件名为 History Report1.rtl。

## 12.3　历史数据报表设计

1)变量的历史数据记录:在"数据词典"的变量 \\local\M18、\\local\M22 的属性中,设置改变记录历史数据。这个设置同历史趋势曲线查询一样,只有变量的数据进行了历史记录才能查询。

2)新建一个界面,并命名为"历史数据报表"。选择工具栏中"文本",在界面上输入文本:历史数据报表。选择工具栏中"报表",报表命名默认为"Report1",在其中输入静态文本,如图 12-16 所示。

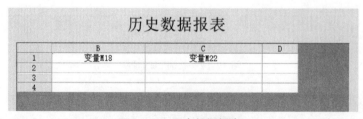

图 12-16　历史数据报表

3）设置查询时间：为了能够查询某一时间段内变量的数据，首先建立两个时间控件，一个对应查询开始时间；一个对应查询结束时间。时间控件的输入方法是：选择菜单的"对象"→"UI 控件"→"日期时间"，就可以在界面上画出两个日期时间控件，如图 12-17 所示。

图 12-17　设计查询的开始、结束时间设置

两个日期时间控件的显示方式可以通过其属性设置：单击"日期时间"控件，单击鼠标右键弹出"属性"菜单，如图 12-18 所示。设置完成就可以显示出日期和时间。

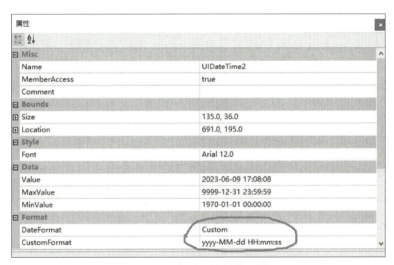

图 12-18　日期时间控件的属性设置

4）设计查询按钮及编程：设计一个按钮，按钮文本是"查询"，在鼠标左键按下时编写如图 12-19 所示程序。

图 12-19　历史数据查询语言

图 12-19 中程序是查询 \\local\M18，\\local\M22 在 ST1 到 ST2 之间的数据，查询间隔是 1000ms；ST1、ST2 的时间由两个日期时间控件设置。

Report1.SetDataset2（"Dataset"，2，1）表示填充从第二行第一列开始。

单击“确定”按钮，再单击文件菜单中“全部保存”，这样程序编辑完毕。

5）单击“文件”菜单中“运行系统”，进入运行环境中。首先设置查询的开始、结束时间，然后单击“查询”按钮，弹出查询结果，如图 12-20 所示。

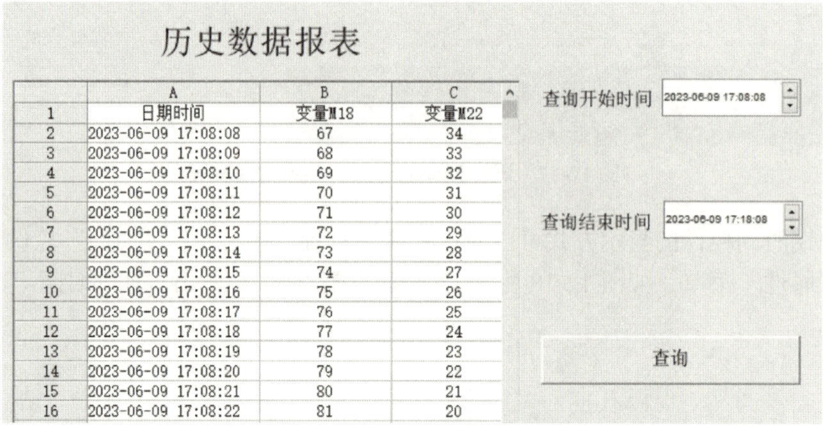


| | A | B | C |
|---|---|---|---|
| 1 | 日期时间 | 变量M18 | 变量M22 |
| 2 | 2023-06-09 17:08:08 | 67 | 34 |
| 3 | 2023-06-09 17:08:09 | 68 | 33 |
| 4 | 2023-06-09 17:08:10 | 69 | 32 |
| 5 | 2023-06-09 17:08:11 | 70 | 31 |
| 6 | 2023-06-09 17:08:12 | 71 | 30 |
| 7 | 2023-06-09 17:08:13 | 72 | 29 |
| 8 | 2023-06-09 17:08:14 | 73 | 28 |
| 9 | 2023-06-09 17:08:15 | 74 | 27 |
| 10 | 2023-06-09 17:08:16 | 75 | 26 |
| 11 | 2023-06-09 17:08:17 | 76 | 25 |
| 12 | 2023-06-09 17:08:18 | 77 | 24 |
| 13 | 2023-06-09 17:08:19 | 78 | 23 |
| 14 | 2023-06-09 17:08:20 | 79 | 22 |
| 15 | 2023-06-09 17:08:21 | 80 | 21 |
| 16 | 2023-06-09 17:08:22 | 81 | 20 |

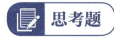

图 12-20 历史数据查询结果

## 思考题

1. 简述 KingSCADA3.53 报表的设计步骤。
2. 简述 KingSCADA3.53 实时报表的设计方法。
3. 简述 KingSCADA3.53 历史报表的设计方法。

# 项目 13 组态软件开机窗口设计

 **项目要求及目标**

**项目目标：**

1. 理解开机窗口的作用。在一个正在运行的控制系统中，为了保证系统的安全可靠运行，进行人机交互操作时，并不是所有的人都可以对控制系统进行操作。对系统进行相应的安全保护是必须的，对于多个用户共同使用的控制系统，必须要根据事先规定的用户的使用权限和使用范围允许或禁止其对系统进行操作。

2. 理解用户、用户组、角色的作用。

3. 熟悉开机窗口的设计方法。

**项目要求：**

1. 在组态软件中创建开机界面和 PLC 运行监控界面。开机界面具有安全等级和用户管理功能。

2. PLC 程序同项目 6，组态软件可以对 PLC 的红绿灯控制程序启动、停止，也可以修改红绿灯的时间，并能显示红绿灯的时间变化。

3. 编写脚本程序，实现各个界面的互相转换。

 **项目实施步骤**

## 13.1 用户管理

KingSCADA 的用户管理由 KingSCADA 的用户安全管理系统负责。KingSCADA 的用户安全管理系统不仅负责用户管理，还负责对用户进行系统服务配置、工控界面（GUI）操作的授权监管，实现应用控制操作安全管理与事故追责。

用户安全管理系统由"工程设计器"界面中目录树的安全设置进入。如图 13-1 所示，用鼠标双击"工程设计器"界面中目录树的"安全设置"，即弹出用户"安全管理系统"，如图 13-2 所示。

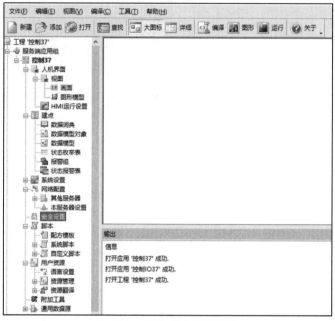

图 13-1　目录树的安全设置

图 13-2　用户安全管理系统

**1. 用户及用户组**

用户是指 KingSCADA 运行系统中的所有合法使用者。为了方便工程人员浏览和管理用户，KingSCADA 提供了用户组的功能，工程人员可以将用户归属到不同的用户组中，而对于相关的用户归属到同一个用户组中。

在图 13-2 中，选择"用户"，并单击鼠标右键，显示用户的各个命令，如图 13-3 所示，选择执行"新建用户"命令，即可创建一个新的用户组。新建的用户组序列从 1 到 n 排列。在创建用户组之后，可以右键单击相应的用户组，根据需要编辑用户组、修改用户组的名称，也可以删除用户组。

图 13-3　新建用户

**2. 与用户有关的概念**

要理解用户的内涵，需要理解下面几个概念：

（1）用户权限

KingSCADA 为用户提供了权限属性，用来限制用户的操作范围。用户权限分两种。第一种是修改配置权限：拥有此权限的用户可以在线进行用户管理的配置和配方管理的配置。第二种是变量访问权限：拥有此权限的用户可以操作修改变量的值，无此权限的用户不可以修改变量的值。

（2）用户优先级

KingSCADA 提供的优先级有 1~999，1 级最低，999 级最高，在工程运行时，只有用户的优先级大于等于操作对象的优先级时，才可以对该对象进行操作。

（3）用户安全区

KingSCADA3.53 提供的安全区最多为 64 个，一个用户可以包含 1 个以上的安全区操作权限，一个操作对象可以属于 1 个以上安全区，工程运行时，只要用户拥有的安全区与操作对象所属安全区有重合的，即可进行访问操作。安全区作用优先于优先级。

（4）角色

角色标识了一类具有相同操作权限、优先级、安全区的用户，SCADA 的用户可关联某个或某些角色，关联某个角色的用户就自然拥有该角色的权限。创建角色分为如下几步：

1）显示用户安全管理系统（见图 13-2）。

2）选中对话框中的"角色"选项，单击鼠标右键，在弹出的右键菜单中执行"新建角色"命令，弹出"新建角色"对话框，在该对话框中新建三个角色，对话框配置如下：

角色 1 配置如图 13-4 所示。该配置说明：一是角色 1 具备的权限，即修改配置权限，拥有此权限的用户可以在线进行用户管理的配置和配方管理的配置；二是优先级为：1；三是安全区为：A、B、C，工程运行时，即在 A、B、C 安全区可进行访问操作。

**注意**：角色超时是指角色超时时间。系统运行时，当时间达到角色配置的超时时间时，具有超时定义的角色将失效，即所有关联该角色的用户将不再拥有该角色的访问权限。单击此项前面的复选框，该框中出现"√"，表示选中，此时下面的"时间"设置框变为可编辑状态，在下拉列表框中选择角色超时的时间。

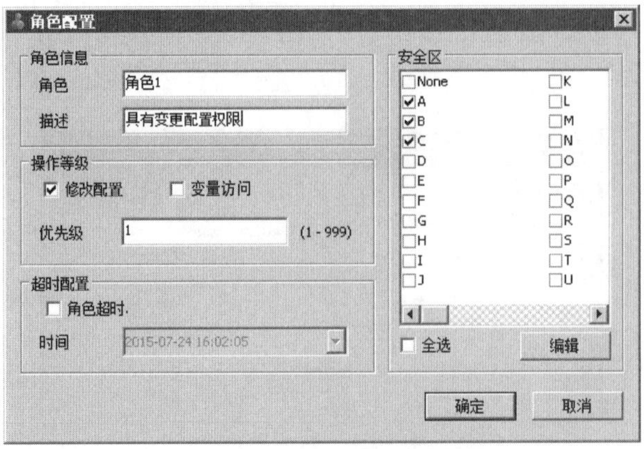

图 13-4　角色 1 配置

角色 2 配置如图 13-5 所示。该配置说明：一是角色 2 具备的权限，即变量访问权限。拥有此权限的用户可以操作修改变量的值，无此权限的用户不可以修改变量的值；二是优先级为"999"；三是安全区为"None"。

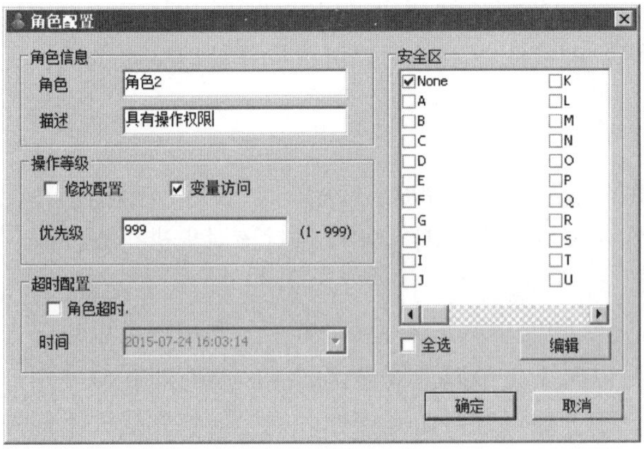

图 13-5　角色 2 配置

角色 3 配置如图 13-6 所示。该配置说明：一是角色 3 具备如下权限，即具有变量访问权限，该角色只能浏览数据，不能进行用户管理和配方管理，不能操作修改变量的值；二是优先级为"1"。三是安全区为"None"。

### 3. 用户的创建

用户不仅包含个人信息、密码信息和用户组信息，而且还需要具有一定的操作权限。在 KingSCADA 中，一个用户只有关联了角色后才具有访问操作权限，并且可以关联多个角色。所以在创建用户之前一定要创建角色和用户组。

创建用户首先需要打开用户安全管理系统（见图 13-2）。然后选中"用户"选项，单击鼠标右键，在弹出的右键菜单中执行"新建用户"命令，弹出"新建用户"对话框，在该对话框中可以创建新用户。下面新建三个用户，并对其配置进行说明。

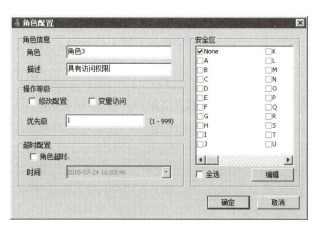

图 13-6 角色 3 配置

用户 1 配置如图 13-7 所示。该配置说明如下：

图 13-7 用户 1 配置

1）用户 1 跟角色 1 绑定，具备角色 1 的权限。

2）超时配置。它包括登录超时和用户超时。登录超时：设置登录超时属性和超时时间。应用运行时，用户登录后方可进行访问操作，当登录时间达到超时时间时，用户需重新登录才能继续进行操作。单击此项前面的复选框，该框中出现'√'，表示选中，此时，"登录超时"框变为可编辑状态，在下拉列表框中选择登录超时的时间，以分钟为单位。用户超时：定义超时属性和超时时间。应用运行时，当时间达到用户设置超时时间时，具有超时定义的用户将失效，即该用户不能再进行任何工控操作。单击此项前面的复选框，该框中出现"√"，表示选中，此时，"用户超时"框变为可编辑状态，在下拉列表框中选择用户超时的时间。

3）登录配置。登录配置用来提升服务器的访问安全，服务器在工程组态阶段，可以指定哪些用户能访问、是否允许多用户同时访问、允许多少个用户同时访问。最大在线数：允许此用户同时在线访问的最大数目，如设置为 5，那么该用户同一时间最多允许在 5 个不同客户端登录。默认值为 0，表示该用户同时登录个数不受限制，只要加密锁的客户端授权允许即可，最大允许输入 0~64。

4）强制登录：此用户数达到"最大在线数"时，是否允许再进行登录。如果允许强制登录，那么当前用户登录成功后，第一个登录用户被自动强制注销。

**注意**："最大在线数"大于 0 时，该选项可以操作；"最大在线数"等于 0 时，该选项灰显，不允许操作。

5）绑定设置：用户登录条件设置，选项有：无、IP 地址绑定、MAC 地址绑定。其中，默认选项：无，即该用户可以在任何客户端访问；IP 地址绑定，即该用户只能在指定 IP 地址的计算机上登录；MAC 地址绑定，即该用户只能在指定 MAC 地址的计算机上登录。

6）绑定地址：输入需要绑定的具体 IP 地址（格式：0.0.0.0）和 MAC 地址（格式：00-50-56-B4-44-EA）。

**注意**：配置为"MAC 地址绑定"时，"最大在线数"自动显示 1，且为灰显，同时"强制登录"也为灰显，不可操作。设定了绑定地址后，必须要输入具体的绑定地址，否则创建用户失败，同时系统也会给出错误提示。

7）配置扩展信息：

主要用于显示登录用户信息。单击"扩展信息"按钮，弹出如图 13-8 所示对话框。

"扩展信息输入"对话框各项内容说明如下：

① 单位：Unit，用户所在单位信息。

② 部门：Department，用户所在部门信息。

③ 职务：Position，用户职务信息。

④ 级别：Rank，用户职务级别。

⑤ 电话：Mobile（或 Tel），用户电话信息。

⑥ Email：电子邮箱信息。

⑦ 扩展 1：Extend1，用户可以根据需要输入内容。

图 13-8 扩展信息输入

⑧ 扩展 2：Extend2，用户可以根据需要输入内容。

最后单击"确定"按钮，完成用户的创建。

用户 2 配置如图 13-9 所示。用户 2 跟角色 2 绑定，具备角色 2 的权限。

用户 3 配置如图 13-10 所示。用户 3 跟角色 3 绑定，具备角色 3 的权限。

完成上述步骤后，为工程添加了三个用户，进入运行环境后，可以使用这三个用户进行登录。

**4. 用户登录窗口设置**

用户登录窗口是在具有用户密码的系统中，必须首先进入用户登录窗口，然后选择用户和输入密码，在密码输入正确后才能进入系统。用户登录窗口在安全管理系统中设置，如图 13-11 所示，选中"在系统启动运行时使用弹出用户登录窗口"。

这样，系统运行时首先出现登录窗口，如图 13-12 所示。在选择用户和输入密码后，才能进入系统。

项目13 组态软件开机窗口设计

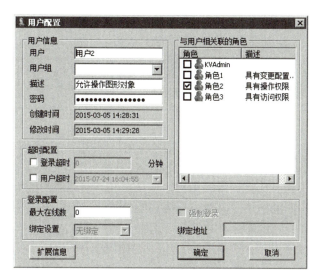

图 13-9 用户 2 配置

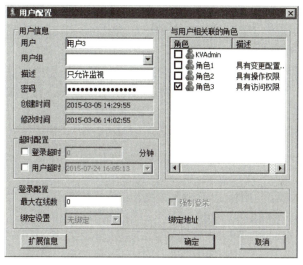

图 13-10 用户 3 配置

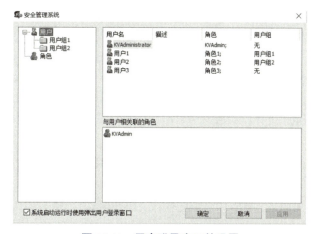

图 13-11 用户登录窗口的设置

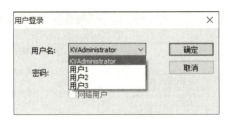

图 13-12 用户登录窗口

**5. 动态修改用户及系统退出**

动态修改用户是指拥有变更权限的用户，登录后动态修改用户的设置。这个功能只有具有动态修改权限的用户才能使用，其他用户无权限使用。

在 KingSCADA3.53 图形编辑器中打开"监控画面"，并在界面顶部添加 2 个按钮，分别为：修改用户和系统退出。

"修改用户"按钮的属性设置：按钮文本为"修改用户"；"按钮左键按下"动画连接函数为"EditUsers()；"在运行环境中执行此函数后，弹出与开发环境一样的用户配置窗口，如图 13-10 所示，用户可以在该窗口中添加、删除、修改用户。

"系统退出"按钮属性设置：按钮文本为"系统退出"；"按钮左键按下"动画连接函数为"Exit(0)"；在运行环境中执行此函数后，系统自动退出。

**6. 设置"开机"按钮、"修改用户"按钮及"系统退出"按钮的安全属性**

1）选中"开机"按钮、"修改用户"按钮或者"系统退出"按钮，在弹出的"属性"对话框中设置按钮的优先级和安全区域，如图 13-13 所示。

2）设置该按钮的安全属性：

① 设置"修改用户"按钮的属性，即 SecurityPriority：100；SecuritySection：A。

② 设置"开机"按钮的属性，即 SecurityPriority：50；SecuritySection：A。

③ 设置"系统退出"按钮的属性，即 SecurityPriority：100；SecuritySection：B。

通过上述设置后，不难看出，在运行环境中，如果以用户 3 登录，那么"修改用户"按钮和"系统退出"按钮，用户 3 是不能进行操作的；如果以用户 2 登录，那么"修改用户"按钮不能操作，但可以操作其他两个按钮；如果以用户 1 登录，那么这三个对象都可以操作。

## 13.2 工程加密

为了防止其他人员对工程进行修改，在组态王开发系统中可以对工程进行加密，当进入一个有密码的工程时，必须正确输入密码方可打开工程，否则不能打开该工程进行修改。

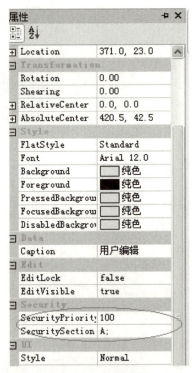

图 13-13 按钮属性

在组态王工程浏览器中执行"工具"菜单中的"加密应用"命令，弹出如图 13-14 所示对话框。

图 13-14　工程加密对话框

设置工程的密码和确认密码为：kingscada。

设置完成后，单击"确定"按钮即可。

**注意**：工程加密是在系统开发阶段，为防止开发系统被其他人打开并设置密码。而用户密码是在系统运行时，只有输入正确的密码才能进行系统的操作。这两者都是加密，但用于不同的阶段。

1. KingSCADA3.53 的安全机制是如何体现的？
2. 用户密码的作用是什么？
3. 工程加密的作用是什么？
4. 用户和角色的作用是什么？

# 项目 14

# 组态软件冗余系统设计

 **项目要求及目标**

**项目目标：**

1. 理解冗余系统的作用，即能够有效地减少数据丢失的可能，增加了系统的可靠性，方便系统维护。

2. 熟悉冗余系统的设计方法。

**项目要求：**

1. 在由计算机和 PLC 组成的工业控制网络中，增加一台计算机作为冗余计算机。

2. 在组态软件中创建两个 PLC 运行监控界面。

3. PLC 程序同项目 6，组态软件可以对 PLC 的红绿灯控制程序启动、停止，也可以修改红绿灯的时间，并能显示红绿灯的时间变化。

4. 编写脚本程序，实现各个界面的互相转换。

 **项目实施步骤**

## 14.1 服务器双机热备份

**1. 原理**

服务器双机热备份主要是实时数据、报警信息和变量历史记录的热备份。主、从机都正常工作时，主机从实时数据服务器获取数据并产生报警和事件信息，从机通过网络从主机获取实时数据和报警信息，而不会从实时数据服务器读取或自己产生报警信息。主、从机都各自记录变量历史数据，同时从机通过网络监听主机。从机与主机之间的监听采取请求与应答的方式。从机以一定的时间间隔（冗余心跳检测时间）向主机发出请求，主机应答表示工作正常，主机如果没有应答，从机将切断与主机的网络数据传输，转入活动状态，改由实时数据服务器获取数据，并产生报警和事件信息。此后，从机还会定时监听主机状态，一旦主机恢复,就将数据备份给主机。只有从机损坏,主机才会从实时数据服务器获取数据。服务器通过这种方式实现了热备份。

**2. 主机网络配置步骤**

1) KingSCADA 开发系统树型目录区中选择"网络配置"→"本服务器设置"选项并双击,弹出"网络配置"对话框。在"Scada 站点网络参数设置"中选择"网络",配置主站名称,主站网络 IP,根据需要配置主站备份网络 IP,勾选使用双机热备份,配置从站名称,从站网络 IP,根据需要配置从站备份网络 IP。设置如图 14-1 所示。

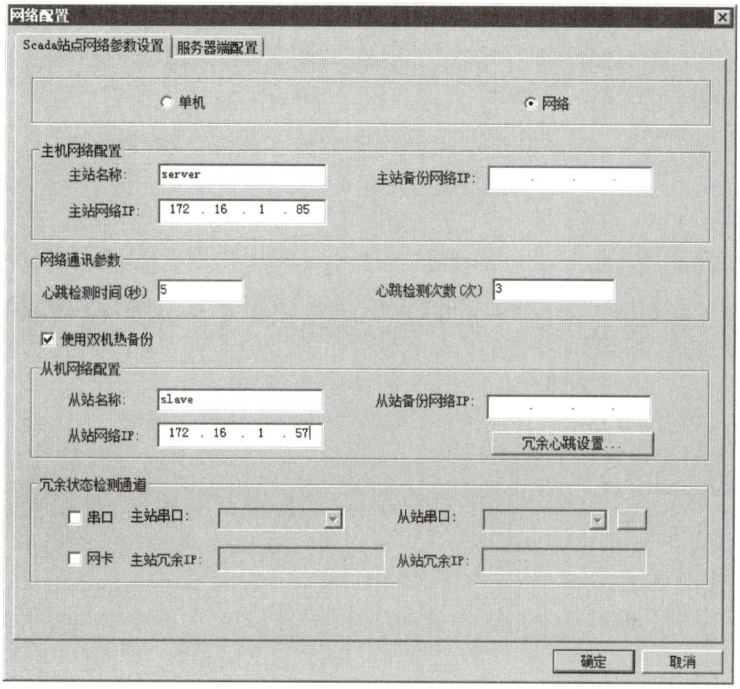

图 14-1 网络配置

主站名称:即本站点名称。进入网络的每一台计算机必须具有唯一的节点名,默认为当前计算机名。

主站网络 IP:即本节点的 IP 地址,长度最长是 15 个字符。

主站备份网卡 IP:当网络中使用双网络结构时,需要对每台联网的机器安装两个网卡——主网卡和从网卡,此处表示从网卡(亦称备份网卡)。在该文本框中输入从网卡的 IP 地址,最长是 15 个字符。

双机热备份:KingSCADA 提供双机热备份功能,如果使用该功能的话,选中"使用双机热备份"选项,然后根据当前计算机的工作状态设置本机为主机或从机。

从站名称:当选择使用双机热备份功能,此选项有效,需要在此处键入从站名称。

从站网络 IP:在此处键入从站的 IP 地址。

从站备份网络 IP:当网络中存在双网络冗余时,需要安装两个网卡,并在此处键入从站备份网卡的 IP 地址。

冗余状态检测通道:为保证冗余机之间状态的正确,防止误切换和保持同步数据,

KingSCADA 设置了冗余状态检测通道和同步数据通道分别是串口和网卡。

串口：通过串口检测冗余状态，并选择串口名称及通信参数。

网卡：通过专用网卡实现主、从机同步数据，并输入对方网卡 IP 地址。

心跳检测时间：此参数在本节点做"服务器"或"客户端"时都有效，以此时间间隔检测数据链路是否畅通，单位为秒。

心跳检测次数：此参数在本节点做"服务器"或"客户端"时都有效，例：如果心跳检测次数为 5，那么当累积心跳检测失败达到 5 次后，表明数据链路中断。

2）单击"服务器端配置"选项卡，如图 14-2 所示。

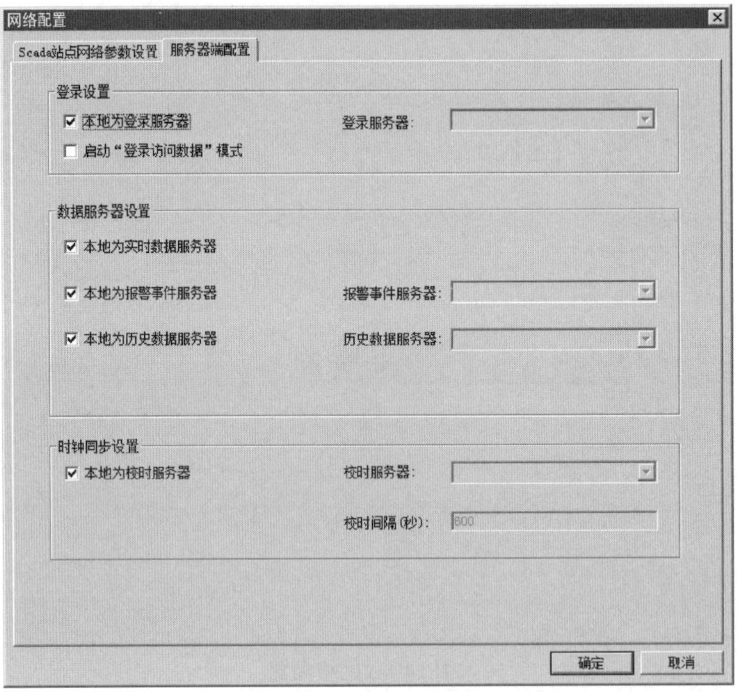

图 14-2 服务器端配置

根据工程需要，选择相应的节点类型。如果本机是实时数据服务器的主机，同时又是报警事件服务器和历史记录服务器的主机的话，那么就选中"本地为实时数据服务器""本地为报警事件服务器""本地为历史数据服务器"选项。

本机为登录服务器：对于网络工程，需要网络中有唯一的用户列表，其列表存储在登录服务器上，当访问网络中任何站点上有权限设置的操作时，都必须经过该用户列表进行验证。选中该项时，本地计算机在网络中充当登录服务器。当登录服务器没有启动时，用户的验证只能通过本机的用户列表进行，并且在操作网络变量时将以无用户状态进行。当不选"本机是登录服务器"时，必须从登录服务器列表中选择一个站点为登录服务器。

本机为实时数据服务器：选中时，表示本地计算机进行数据采集并向网络上的其他站点提供数据。

本机为报警数据服务器：在分布式报警系统中，指定一台服务器作为报警数据服务器，在该服务器上存储的所有报警信息可供客户端进行浏览。选中该项，表示本机作为报警数据服务器。

本机为历史数据服务器：在分布式历史数据库系统中，指定一台服务器作为历史数据服务器，在该服务器上存储所有的历史数据可供客户端查询。选中该项，表示本机作为历史数据服务器。当不选"本机为历史数据服务器"时，必须从历史数据服务器列表中选择一个站点为历史数据服务器。

本机为校时服务器：KingSCADA 运行中，尽量保持各台机器的时钟一致，选中"本机为校时服务器"时，本地计算机充当校时服务器，各个站点主动向校时服务器进行校时，保持网络的始终统一。当不选"本机是校时服务器"时，必须从校时服务器列表中选择一个站点为校时服务器，并设置校时间隔，单位为秒，范围是 1~36000s。

**3. 从机网络配置步骤**

在使用双机热备份功能时要求主机和从机上的工程完全一致，所以将主机的工程直接复制到从机上即可，不需要对网络配置做任何修改，KingSCADA 会自动根据 IP 地址识别主、从机。

**注意**：主、从机的变量名和 ID 号必须完全一致，建议用户不要单独修改主机或从机的变量部分，防止出现不一致的现象。

**4. 双机热备份状态系统变量**

系统变量 $RedundantStatus 是用来表示主、从机状态的，不论该站点是历史数据服务器、报警数据服务器或是实时数据服务器。在主机上，该变量的值为正数，在从机上，该变量的值为负数。

（1）主机状态监控

在主机工程中可以通过 $RedundantStatus 对主机进行监控。变量 $RedundantStatus 有以下几种状态：

$RedundantStatus=1；// 此时主机为工作状态

$RedundantStatus=2；// 此时主机为热备份状态

（2）从机状态监控

在从机工程中可以通过 $RedundantStatus 对从机进行监控。变量 $RedundantStatus 有以下几种状态：

$RedundantStatus=–1；// 此时从机为热备份状态

$RedundantStatus=–2；// 此时从机为工作状态

（3）手动状态切换

特殊情况下可以通过强制 $RedundantStatus 实现主、从机之间的手动切换。

主机切换到从机：强制主机的 $RedundantStatus 为 2，主机停止工作并停止响应从机查询，从机认为主机故障，启动工作，此时主机将没有任何工作，同时主机的数据也将不再变化。主机启动后，强制从机的 $RedundantStatus 为 –1，则主机的 $RedundantStatus 自动变为 1，从而实现了从机向主机的切换。

注：强制操作只能在工作状态的机器上进行。

## 14.2 双网络冗余配置

双网络冗余是指两台机器间使用两条网线来实现网络通信，当一条网线连接中断后，系统会自动切换到备用网络。这要求网络中的任意站点均安装两块网卡，并分别设置在两个不同网段内。当主网线路中断时，网络通信自动切换到从网，保证通信链路不中断，为系统稳定可靠运行提供了保障。双网络冗余系统结构示意图如图14-3所示。

图14-3 双网络冗余系统结构示意图

双网络冗余配置：双网络冗余主要是网络环境支持双网段。

在KingSCADA开发系统树形目录区中选择"网络配置"→"本服务器设置"选项并双击，弹出"网络配置"对话框，主机、从机网络冗余配置如图14-4所示。

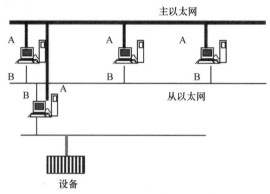

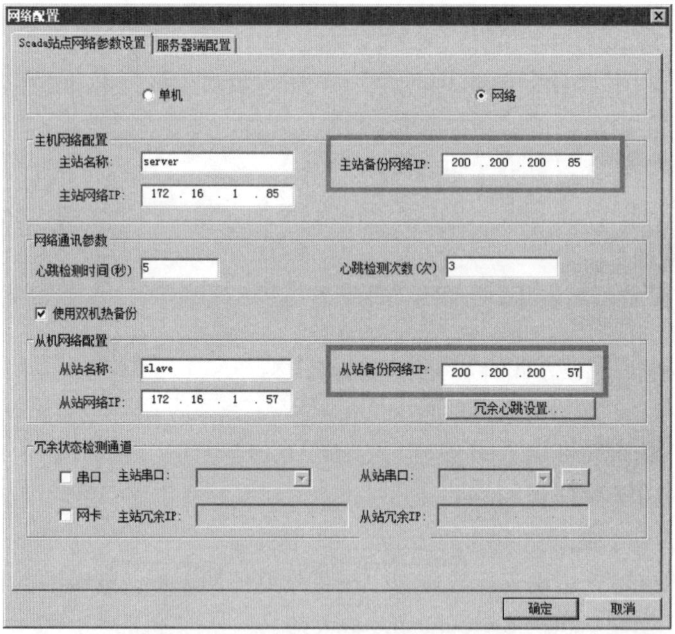

图14-4 主机、从机网络冗余配置图

主、从机双网络冗余只需要修改图中红色圈中的内容，单击"确定"按钮即可完成配置。

## 14.3 双设备冗余配置

IOServer双设备冗余是指设备间的冗余，即两台相同设备之间的相互冗余。对于比较重要的数据采集系统，用户可以用两个完全一样的设备同时采集数据，并与 IOServer 通信，实现双设备冗余功能。

**1. 新建从设备**

在 IOServer 中，单击鼠标右键，在弹出的右键菜单中执行"新建设备"命令，弹出"编辑设备–基本属性"对话框，如图 14-5 所示。"设备名称"设置为"ModbusSlave"，单击"下一步"按钮。

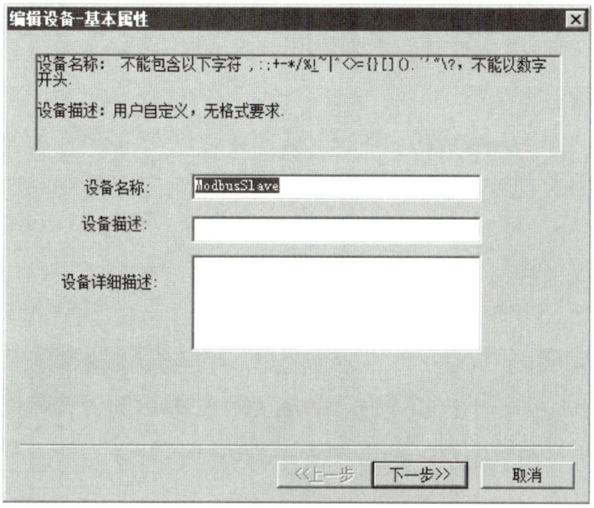

图 14-5　编辑设备–基本属性

在弹出的"新建设备–设备地址"对话框中，将"设备系列"选为"ModbusTCP"，设置设备地址，如图 14-6 所示。

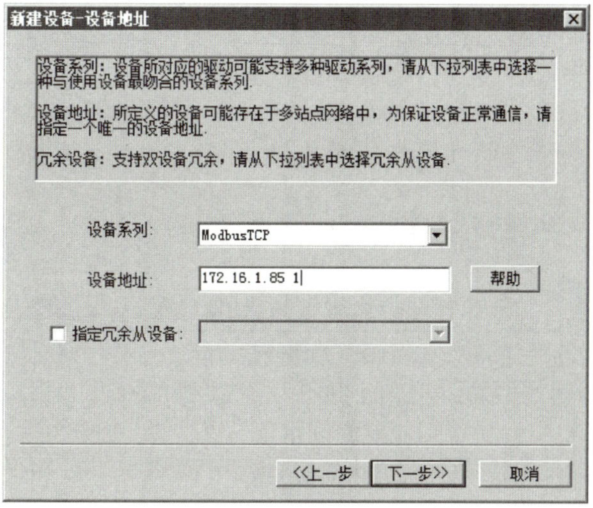

图 14-6　新建设备–设备地址

设置完设备的地址，单击"下一步"按钮弹出"编辑设备–通信设定"对话框，如图 14-7 所示。

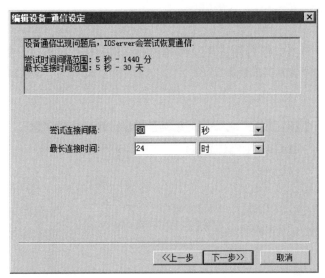

图 14-7　编辑设备 – 通信设定

这里选择默认设置即可，单击"下一步"按钮，在弹出的"编辑设备 – 展示"对话框中单击"完成"按钮，完成设备的建立，如图 14-8 所示。

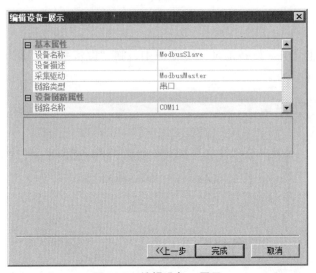

图 14-8　编辑设备 – 展示

**2. 新建主设备**

再新建一个设备，设备名称为"ModbusMaster"。然后在如图 14-9 的配置对话框中指定冗余从设备。

配置好主设备以后，IOServer 双设备冗余的配置已经完成。在实际的采集数据中 IOServer 会自动识别是否有设备采取了冗余方式，如果采取了冗余方式，出现异常情况，IOServer 会自动从主设备切换到从设备，继续完成数据采集。

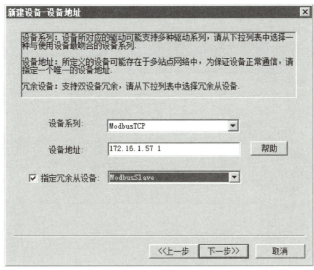

图 14-9　新建主设备

## 14.4　双 IOServer 冗余配置

双 IOServer 冗余是指主 IOServer 和从 IOServer 直接或者通过 OPC 方式对设备进行数据采集。它是数据采集软件上的一种备份处理机制，增强数据采集的安全性。正常情况下主 IOServer 处于工作状态，从 IOServer 处于监视状态，一旦从 IOServer 发现主 IOServer 异常，从 IOServer 将会在很短的时间内代替主 IOServer 采集数据，完全实现主 IOServer 的功能。

1) 建立 IOserver 应用。在工程设计器中，选择"IOServer 应用"，在鼠标右键菜单中选择"添加新 IOServer 应用"，弹出对话框。新建主 IOServer，应用名称为"MasterIOServer"，如图 14-10 所示。新建从 IOServer，应用名称为"SlaveIOServer"，如图 14-11 所示。

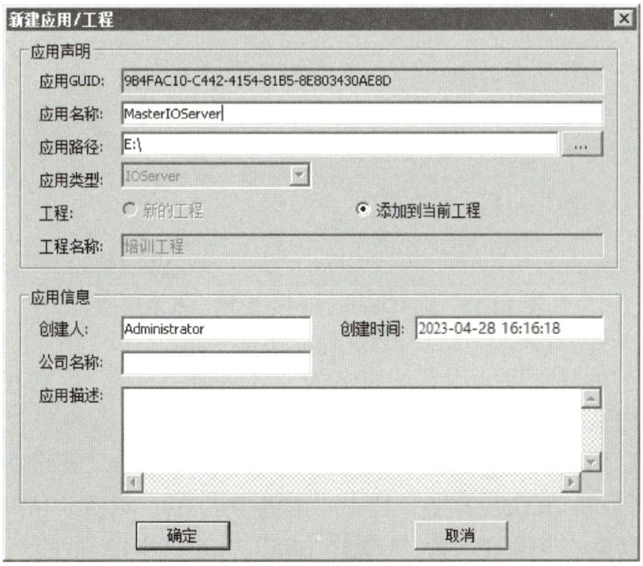

图 14-10　新建主 IOServer 应用

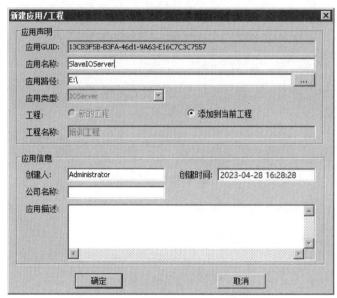

图 14-11　新建从 IOServer 应用

2）配置主 IOServer。打开 MasterIOServer 的网络配置，弹出如图 14-12 所示对话框。

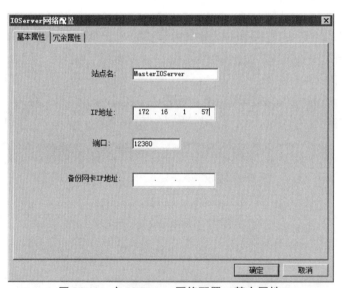

图 14-12　主 IOServer 网络配置 – 基本属性

在"基本属性"标签页中，设置站点名为"MasterIOServer"，主 IOServer 应用要部署的计算机的 IP，端口默认为 12380。

在"冗余属性"标签页中，勾选"使用双 IOServer 冗余"，"冗余切换模式"可以选择"冷切换"或"热切换"，冗余设置中，选中"本机为主机"，设置"从 IOServer 站点名"为"SlaveIOServer"，设置"从机 IP"为"172.16.1.85"，如图 14-13 所示。

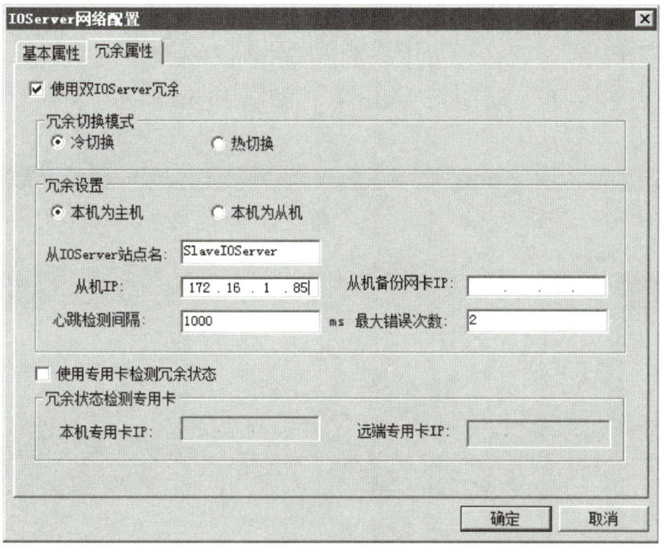

图 14-13 主 IOServer 网络配置 – 冗余属性

冷切换：主 IOServer 采集的时候从机不采集，主机损坏从机启动关联变量然后采集，切换时间较长。

热切换：主 IOServer 和从 IOServer 同时采集，从机的数据丢弃不要，等主机损坏之后从机立即切换，切换时间较短。

3）配置从 IOServer。打开 SlaveIOServer 的网络配置，弹出对话框，如图 14-14 所示。

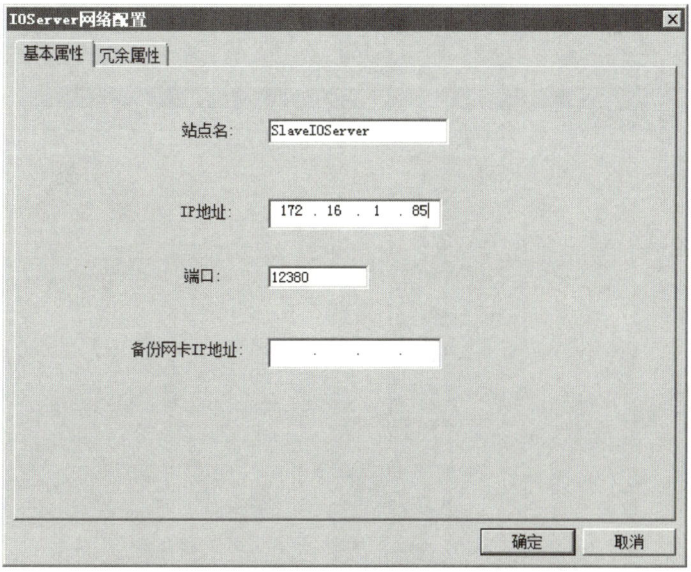

图 14-14 从 IOServer 网络配置 – 基本属性

在"基本属性"标签页中，设置"站点名"为"SlaveIOServer"，从 IOServer 应用要部署的计算机的 IP，端口默认为 12380。

在"冗余属性"标签页中,勾选"使用双 IOServer 冗余","冗余切换模式"可以选择"冷切换"或"热切换",冗余设置中,选中"本机为从机","主 IOServer 的站点名"为"MasterIOServer","主机 IP"为"172.16.1.57",如图 14-15 所示。

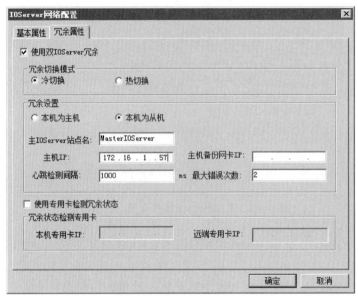

图 14-15 从 IOServer 网络配置 – 冗余属性

4)在 KingSCADA 的 Server 应用中只需要在"网络配置"→"其他服务器"→"IOServer 服务器"→"站点管理"中添加主 IOServer 即可,从 IOServer 不用添加,如图 14-16 所示。

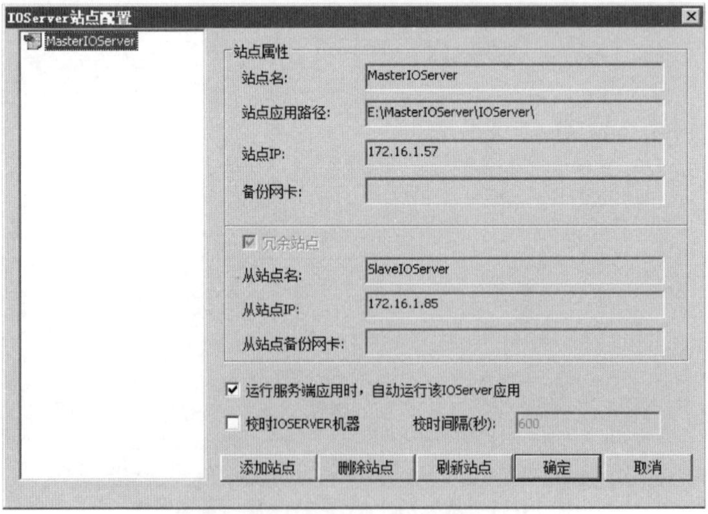

图 14-16 IOServer 站点配置

在 KingSCADA 实际采集数据时会自动识别 IOServer 是否采取了冗余方式,如果采取了冗余方式，出现异常情况，主、从 IOServer 会自动进行冗余切换，完成数据采集。

### 思考题

1. KingSCADA3.53 的冗余系统包括哪几个部分的冗余？
2. 简述 KingSCADA3.53 的服务器双机热备份、双网络冗余、双设备冗余、双 IOServer 冗余的设计方法。

# 项目 15

# 组态软件的网络配置及 Web 发布

### 项目要求及目标

**项目目标：**

1. 理解 Web 发布的作用。一个 KingSCADA Server 应用开发完成后只能在一台服务器（最多两台，如果有冗余）上运行，但是，KingSCADA 客户机不仅数量众多，而且分布在不同的监控地点，所以 KingSCADA 客户机软件和工程的安装、维护与升级工作量较大。为了减轻用户安装和维护客户机的工作量，降低 KingSCADA 的使用维护成本，KingSCADA 为用户提供了一种能统一管理、自动部署客户机软件和工程的技术手段，即基于客户端 – 服务器模式（C/S 架构）的 Web 化集中管理技术。Web 化是指将 KingSCADA Client 工程和客户机软件以网页程序形式存放在网络的 Web 服务器上，各客户机只需运行本机自带的网页浏览器软件，浏览 Web 服务器上的网页文件，网页文件里的下载插件即可将网站上的 Client 工程包和客户机软件自动下载、安装，并自动加载客户端运行。

2. 了解基于客户端 – 服务器模式的网络结构。
3. 熟悉 Web 发布的设计方法。

**项目要求：**

1. 设计一个基于客户端 – 服务器模式的网络结构，熟悉网络配置。
2. 将项目 13 的组态软件在网络上进行 Web 发布。

### 项目实施步骤

## 15.1 认识基于客户端 – 服务器模式的网络结构

KingSCADA 的网络是一种基于客户端 – 服务器模式（C/S 架构）的网络结构，运行在基于 TCP/IP 的网络上，能够实现上、下位机以及更高层次的厂级联网。TCP/IP 具有在由不同硬件体系结构和操作系统的计算机组成的网络上进行通信的能力。一台 PC 通过 TCP/IP

可以和多个远程计算机（即远程节点）进行通信。

KingSCADA 的网络是一种基于分布式处理的柔性结构，柔性的网络结构能够适应从简单的单机模式到数百节点的网络环境。单机模式不具有网络功能，所有的服务与站点应用都运行在一个节点上。而分布式网络结构可以将整个应用程序分配给多个服务器，可以引用远程站点的变量到本地使用（显示、计算等），这样可以提高项目的整体容量并改善系统的性能。

KingSCADA 将应用程序根据物理设备结构或功能的不同来分配服务器，也可以根据系统需要设立专门的实时数据服务器、历史数据服务器、报警数据服务器、登录服务器和校时服务器等。一个工作站站点可以充当多种服务器功能，如实时数据服务器可以被同时指定为报警数据服务器、历史数据服务器、登录服务器等。报警数据服务器可以同时作为历史数据服务器、登录服务器等。KingSCADA 网络结构如图 15-1 所示。

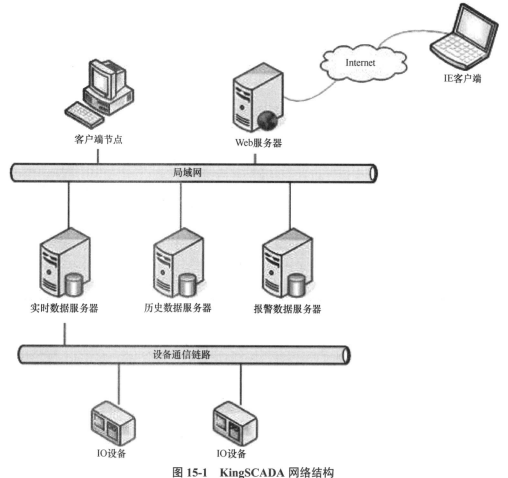

图 15-1　KingSCADA 网络结构

**1. 实时数据服务器**

负责进行采集数据、产生报警和历史数据的站点，一旦某个站点被定义为实时数据服务器，该站点便负责本机数据的采集以及报警和历史数据的产生。如果某个站点虽然连接了设备，但没有被定义为实时数据服务器，那这个站点的数据照样进行采集，只是不向网络上发布。实时数据服务器可以按照需要设置为一个或多个。

**2. 报警数据服务器**

向客户端提供报警数据的发布、查询和存储服务的站点，一旦某个站点被指定为一个或多个实时数据服务器的报警数据服务器，系统运行时，实时数据服务器上产生的报警信息将通过网络传输到指定的报警数据服务器上并保存起来，待客户端查询。报警数据服务器上的报警组配置应当是报警数据服务器和与其相关的实时数据服务器上报警组的合集。

**3. 历史数据服务器**

向客户端提供历史数据的查询和存储服务的站点，一旦某个站点被指定为一个或多个实时数据服务器的历史数据服务器，系统运行时，实时数据服务器上产生的历史数据将通过网络传输到历史数据服务器站点上并保存起来，待客户端查询。

**4. Web 服务器**

向 Web 客户端提供网页浏览和客户端软件、客户端工程下载服务的站点，该机器需要安装 Windows IIS 服务。

**5. 登录服务器**

管理和验证网络用户与安全信息的站点。登录服务器在整个系统网络中是唯一的，它拥有网络中唯一的用户列表，其他站点上的用户列表在正常运行的整个网络中将不再起作用。所以用户应该在登录服务器上建立最完整的用户列表。当用户在网络的任何一个站点上登录时，系统调用该用户列表，登录信息被传送到登录服务器上，经验证后，产生登录事件。然后，登录事件将被传送到该登录服务器的报警服务器上保存和显示，这样保证了整个系统的安全性。对于一个系统网络来说，用户只定义一个登录服务器。

**6. 校时服务器**

校时服务器在网络中对所有站点进行校时功能，各个站点主动向校时服务器进行校时，以保持网络中时钟的一致。建议一个网络中只定义一个校时服务器。

**7. 客户端**

这里所指的客户端是非 Web 客户端，客户端的主要功能就是从服务器获取数据，进行展示和运算，同时客户端也可以修改服务器端的数据。一个站点被指定为服务器的同时也可以被指定为其他服务器的客户端。

**8. Web 客户端**

主要是指 IE 浏览器，它和 Web 服务器进行数据交互，然后 Web 服务器再和局域网内的其他站点进行数据通信。

## 15.2 网络配置

**1. 服务端应用网络配置**

KingSCADA 工程设计器中，找到服务端应用组中已建好的服务端应用"控制工程"（或其他服务端应用），选择"网络配置"→"本服务器设置"并双击，弹出"网络配置"对话框，在"Scada 站点网络参数设置"标签页中，选择"网络"模式，本地主站名称改为 server（默认为计算机机器名），主站网络 IP 设置为计算机 IP，如图 15-2 所示。

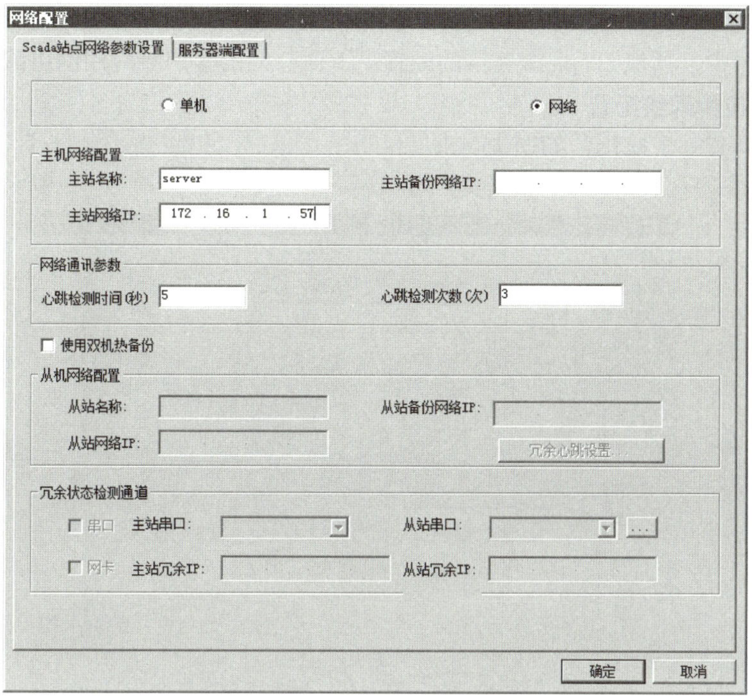

图 15-2　SCADA 站点网络参数设置

在"服务器端配置"标签页中，进行服务器功能角色配置，如图 15-3 所示，即本服务器充当登录服务器、实时数据服务器、报警事件服务器、历史数据服务器、校时服务器的功能角色。

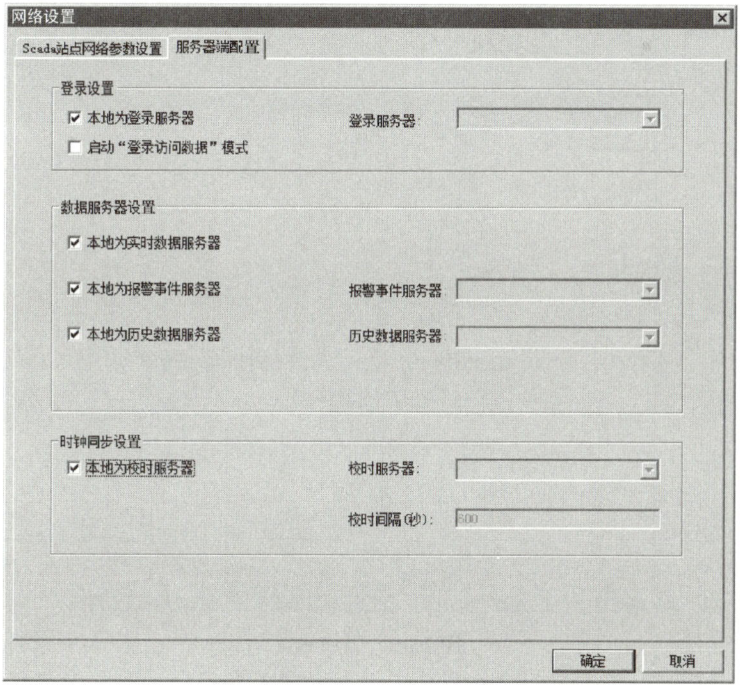

图 15-3　服务器端配置

在网络配置、其他服务器中，IOServer 服务器的配置在项目 4 中已经介绍了。在网络配置、其他服务器中，其他 Scada 服务器的配置见下面介绍的客户端应用网络配置。

**2. 客户端应用网络配置**

在工程中新建一个应用，如图 15-4 所示。

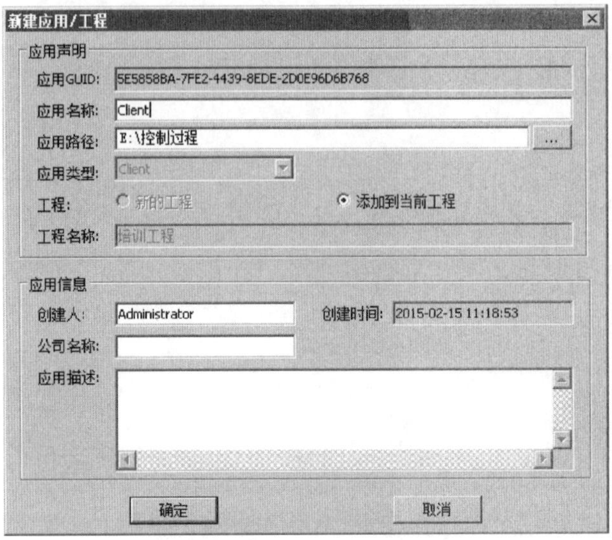

图 15-4 新建 Scada 客户端应用

在客户端应用的树形目录区中选择"网络配置"→"其他服务器"→"其他 Scada 服务器"→"站点管理"并双击，在弹出的"站点配置"对话框中添加本工程中已经设置好的 Server 站点，如图 15-5 所示。

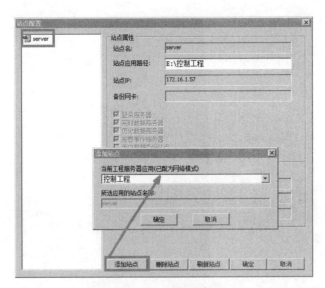

图 15-5 添加站点

配置完成之后单击"确定"按钮，完成站点添加。

在客户端应用树形目录区中选择"网络配置"→"其他服务器"→"其他 Scada 服务器"→"客户端配置"并双击,在弹出的"客户端配置"对话框中进行如图 15-6 所示配置。

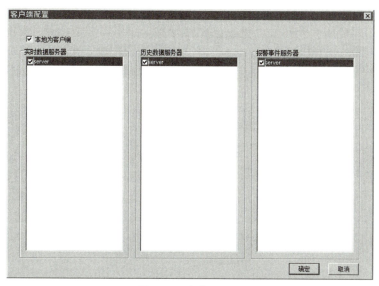

图 15-6　客户端配置

客户端配置完成之后,在客户端应用树形目录区中选择"网络配置"→"本应用设置"在弹出对话框中进行设置,单击"确定"按钮,本工程设置完成,如图 15-7 所示。

需要注意,在图 15-7 中本地站点 IP 可以直接设置为该客户端应用未来要运行的那台计算机的 IP。

**3. 客户端应用使用服务端应用变量**

在客户端应用中,新建界面"监控画面",在界面上添加一个文本"Text",双击文本,在其"动画编辑"中单击"+"添加连接,选择"值输出"→"模拟值输出",单击"表达式"后面的按钮,在弹出的"变量选择器"中选择站点"server",从而可以看到 server 应用中的变量,选择其中一个要显示的模拟量变量后单击"确定"按钮,完成动画编辑,如图 15-8 所示,当客户端应用运行时,该文本将显示服务端应用变量的实时数据,即客户端应用可以直接使用服务端应用的变量进行监视和控制。

图 15-7　本应用设置

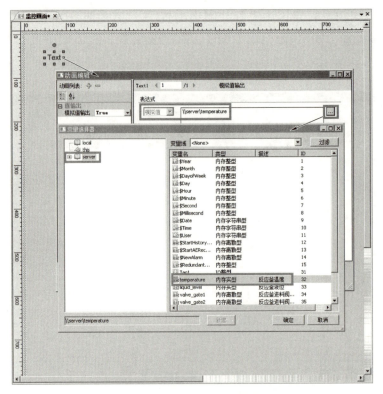

图 15-8 客户端引用服务端变量

一般来说，客户端应用的界面和服务端应用的界面基本一样，区别在于客户端工程没有 IO 变量，需要使用服务端应用的变量，因此，可以直接把服务端应用中已经做好的界面或脚本直接复制到客户端应用中，因为客户端应用中复制过来的界面或脚本中使用的变量是服务端自己的变量，变量前缀是"\\local"，在客户端应用中要把这个改为服务端的机器名。单击菜单选项中"编辑"→"替换"，将"\\local"改为对应服务端的机器名，如图 15-9 所示。

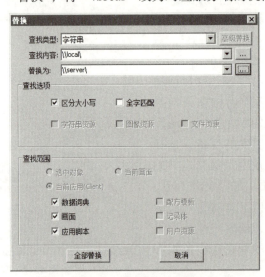

图 15-9 "替换"对话框

单击【完成】按钮,客户端设置完成。如果不需要 Web 发布,那么工程配置到此结束。

## 15.3 Web 发布

Web 发布是指将网站或应用程序部署到互联网上,使用户可以通过浏览器访问和使用。其过程涉及以下几个步骤:

**1. 准备工作**

在 Windows 7 下安装 IIS:依次单击"开始"→"控制面板"→"程序",在出现的"程序和功能"界面中单击"打开或关闭 Windows 功能"展开"Internet 信息服务"。在"Web 管理工具"中,选中"IIS 管理服务"→"IIS 管理脚本和工具"→"IIS 管理控制台"选项;在"万维网服务"中,选中"应用程序开发功能"中的".NET 扩展性"→"ASP"→"ASP.NET"选项。选择好后单击"确定"按钮,系统开始安装 IIS 组件,几分钟后 IIS 即可安装完成,如图 15-10 所示。

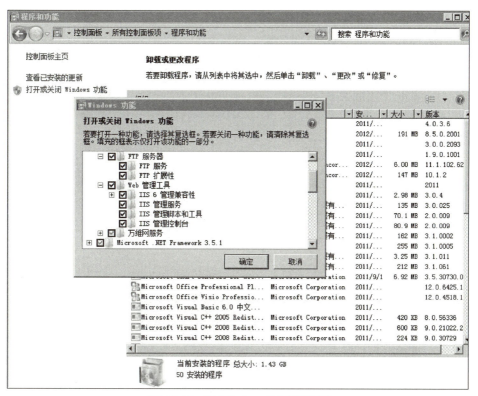

图 15-10 在 Windows 7 下安装 IIS

在 Windows 10 下安装 IIS,如图 15-11 所示。

**2. 客户端打包和发布**

启动客户端工程打包和发布工具,如图 15-12 所示。在"开始"菜单中找到"KingSCADA"文件夹,在其子文件夹中找到"工具"文件夹,单击"客户端打包工具"命令,弹出对话框,如图 15-13 所示。

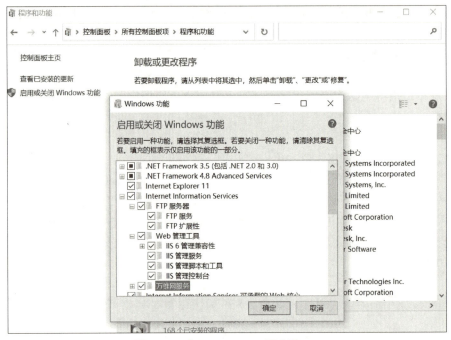

图 15-11　在 Windows 10 下安装 IIS

图 15-12　启动客户端打包工具　　　　图 15-13　客户端打包工具

在 "Client 应用路径" 中选择要做 Web 发布的客户端应用，在 "应用画面" 列表框中选择要发布的画面，然后单击 -->> 按钮将选中的画面移动到 "选中画面" 列表框中，同样可以单击 <<-- 按钮将已选中的画面取消打包，也可以通过双击画面的方法添加或取消画面打包。

选择浏览时的初始画面：在"选中画面"列表框中选择一个或多个画面作为客户端浏览时的初始画面，即打开 IE 浏览时首先将显示的画面。

单击"客户端应用打包输出路径（本地）"文本框后面的 [ ... ] 按钮，在弹出的文件浏览器中选择用来存储客户端工程打包文件夹的路径，选择的路径信息将会显示在"客户端应用打包输出路径（本地）"文本框里。客户端应用打包文件夹的路径选择需要注意以下两点：

1）不要选择客户端应用所在的目录。

2）因为操作系统的用户目录有访问权限的问题，所以不能选择"用户目录""我的文档""桌面"这类路径，否则客户端下载会失败。

在"虚拟目录"文本框中输入任一虚拟目录的名称（如：web），选中"配置本机 IIS"复选框，单击"发布"按钮，如图 15-14 所示，系统会在 Internet 信息服务中自动建立该虚拟目录，同时将工程打包并发布到 IIS 上，IE 客户端即可浏览发布的工程。

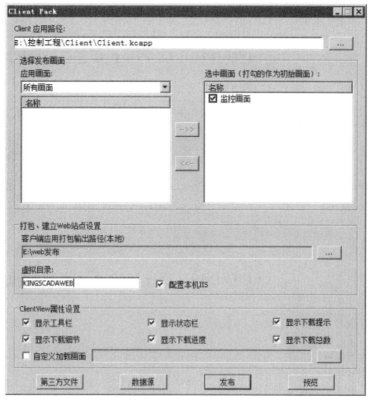

图 15-14 Web 发布

**3. IE 配置及浏览**

在 Web 客户端浏览 KingSCADA 发布的画面，需要做如下准备工作：

（1）安装 IE 浏览器

安装 IE9.0 及以上浏览器。

（2）浏览权限设置

注：如果 kxClientDownload.ocx 加了数字签名，则不需要配置浏览权限。

双击系统"控制面板"上的"Internet"选项或者直接在 IE 浏览器中选择"工具 / Internet 选项"菜单,打开"安全"属性标签页,选择"可信站点"图标,然后单击"站点"按钮,如图 15-15 所示。

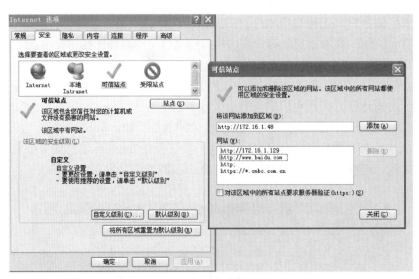

图 15-15 可信站点添加

在"将该网站添加到区域"文本框中输入进行 KingSCADAWEB 发布的机器名或 IP 地址,取消"对该区域中的所有站点要求服务器验证"选项的选择,单击"添加"按钮,再单击"确定"按钮,即可将该站点添加到信任域中。

单击"Internet"选项中的"自定义级别"按钮,弹出"安全设置"对话框,在此对话框的"重置自定义设置"中选择"安全级—低",如图 15-16 所示,然后依次确定即可。

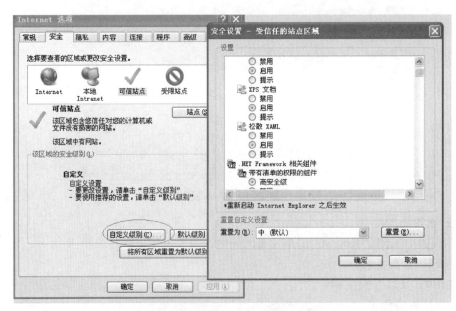

图 15-16 可信站点区域安全设置

**注意**:在"可信站点—自定义级别"中,将"使用弹出窗口阻止程序"项禁用。

使用浏览器进行画面浏览时,在地址栏中输入地址格式为:Http://WebServer 机器名(或 IP 地址)/虚拟目录名(此处的虚拟目录名为 IIS 上自动或手动建立的虚拟目录的名称),如图 15-17 所示,如:http://172.16.1.48/KINGSCADAWEB。

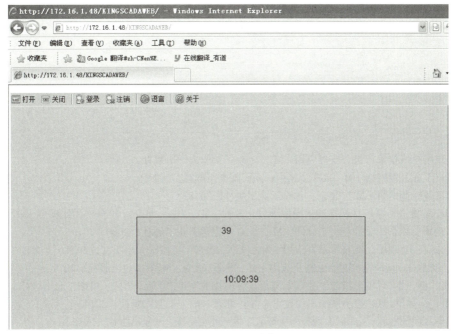

图 15-17　IE 浏览

1. 简述 KingSCADA3.53 网络配置的过程,尤其是 C/S 架构的网络配置。
2. 如何实现 KingSCADA3.53 的 Web 发布功能?

# 参考文献

[1] 周兵.现场总线技术与组态软件应用[M].北京:清华大学出版社,2008.
[2] 王振力.工业控制网络[M].2版.北京:人民邮电出版社,2023.
[3] 王海.工业控制网络[M].北京:化学工业出版社,2018.
[4] 郑长山.现场总线与PLC网络通信图解项目化教程[M].2版.北京:电子工业出版社,2021.
[5] 韩兵.现场总线系统监控与组态软件[M].北京:化学工业出版社,2008.
[6] 郭琼,姚晓宁.现场总线技术及其应用[M].4版.北京:机械工业出版社,2024.
[7] 张军,胡学林.可编程控制器原理及应用[M].3版.北京:电子工业出版社,2019.
[8] 李潇然,李正军.现场总线与工业以太网及其应用技术[M].2版.北京:机械工业出版社,2019.
[9] 周志敏,纪爱华.PLC控制系统实用技术[M].北京:电子工业出版社,2014.
[10] 许洪华.现场总线与工业以太网技术[M].2版.北京:电子工业出版社,2015.
[11] 刘泽祥,李媛.现场总线技术[M].2版.北京:机械工业出版社,2017.
[12] 邢彦辰,范立红.计算机网络与通信[M].北京:人民邮电出版社,2012.
[13] 邢彦辰.数据通信与计算机网络[M].3版.北京:人民邮电出版社,2020.
[14] 雷霖.现场总线控制网络技术[M].2版.北京:电子工业出版社,2015.
[15] 胡毅,于东,刘明烈.工业控制网络的研究现状及发展趋势[J].计算机科学,2010(1):6.